国家自然科学基金青年科学基金项目(52004083)资助
博士后创新人才支持计划(BX20200114)资助
中国博士后科学基金面上项目(2020M682292)资助

水侵煤体瓦斯运移机理及应用研究

司磊磊　著

中国矿业大学出版社
·徐州·

内 容 提 要

为解决水侵煤层瓦斯压力测定难题并准确描述水侵煤体瓦斯抽采运移规律,本书深入研究了水侵煤体孔隙结构变化规律及水溶液中瓦斯溶解、扩散运移规律,建立了饱和水煤体瓦斯有效扩散系数计算模型,掌握了饱和水煤体瓦斯扩散运移规律。在此基础上,本书建立了水侵测压钻孔瓦斯运移数学模型,通过数值模拟的方法掌握了不同因素对水侵测压钻孔瓦斯溶解平衡时间的影响,提出了基于瓦斯溶解量的水侵钻孔瓦斯压力测试方法并研制了配套测压装备,准确测试了水侵钻孔瓦斯压力;建立了水侵下向积水钻孔瓦斯抽采运移数学模型,准确估算了水侵下向积水钻孔的瓦斯抽采量。通过本书中的研究成果以期为我国富含水煤系地层的矿井瓦斯防治工作提供一定的理论基础和技术指导。

图书在版编目(C I P)数据

水侵煤体瓦斯运移机理及应用研究/司磊磊著. —
徐州:中国矿业大学出版社,2022.1
　ISBN 978 - 7 - 5646 - 5237 - 1

　Ⅰ. ①水… Ⅱ. ①司… Ⅲ. ①水侵—煤层瓦斯—瓦斯
渗透—研究 Ⅳ. ①TD712

中国版本图书馆 CIP 数据核字(2021)第 236836 号

书　　　名	水侵煤体瓦斯运移机理及应用研究
著　　　者	司磊磊
责任编辑	黄本斌
出版发行	中国矿业大学出版社有限责任公司
	(江苏省徐州市解放南路　邮编221008)
营销热线	(0516)83885105　83884103
出版服务	(0516)83995789　83884920
网　　　址	http://www.cumtp.com　E-mail:cumtpvip@cumtp.com
印　　　刷	徐州中矿大印发科技有限公司
开　　　本	787 mm×1092 mm　1/16　印张 9.75　字数 180 千字
版次印次	2022 年 1 月第 1 版　2022 年 1 月第 1 次印刷
定　　　价	38.00 元

(图书出现印装质量问题,本社负责调换)

前　言

　　矿井瓦斯灾害严重威胁着煤矿的安全生产,而我国矿井水文地质条件复杂,多数矿井煤层位于富含水的煤系地层中,地层水通过穿层钻孔侵入煤体给矿井瓦斯防治工作带来了极大的困难。对于测压钻孔,地层水侵入钻孔后会致使瓦斯压力测定失败,无法获得煤层的真实瓦斯压力,给矿井瓦斯灾害的预测预报带来了困难。对于抽采钻孔,尤其是长距离下向穿层抽采钻孔,钻孔内的积水及钻孔周围的饱和水煤体区域会致使瓦斯运移机制发生改变,使得传统渗流模型无法准确描述瓦斯运移规律。因此,对于水侵煤体瓦斯运移机理的研究仍需深入,以解决水侵煤层瓦斯压力测定难题并准确描述水侵煤体瓦斯抽采运移规律。

　　在国家自然科学基金青年科学基金项目(52004083)、博士后创新人才支持计划(BX20200114)、中国博士后科学基金面上项目(2020M682292)、河南省高等学校重点科研项目(21A440002)等项目资助下,作者经过多年的研究,在水侵煤体孔隙结构演化规律、矿井水溶液中瓦斯溶解-扩散运移规律、饱和水煤体瓦斯溶解-扩散运移规律、水侵钻孔瓦斯压力测定方法及水侵钻孔瓦斯抽采量预测等方面取得了一些创新性的成果。本书对以上几个方面进行了比较详细的论述,以期对从事煤矿安全生产方面研究的科技工作者有所启示。本书通过理论分析、实验室实验、数值模拟和现场工程试验相结合的方法,掌握了水侵对煤体孔隙结构的影响规律,建立了饱和水煤体瓦斯有效扩散系数计算模型,揭示了瓦斯在水及饱和水煤体中的溶解-扩散运移机理,进而建立了水侵煤体瓦斯运移数学模型,准确预测了水侵钻孔的瓦斯抽采量,提出了基于瓦斯溶解量的水侵钻孔瓦斯压力测定方法,并进行了工程试验。

　　全书共分为7章。第1章介绍了水侵煤层瓦斯治理措施、水侵对煤体孔隙结构的影响规律、瓦斯在水溶液中的溶解规律、气液两相运移规律、瓦斯在水溶液及饱和水多孔介质中的扩散运移规律等方面的研究现状,总结了现行研究的不足之处并提出了本书的研究内容及研究方法。第2章研究了水侵对煤体孔隙结构的影响规律,分别从黏土矿物质崩塌、矿物质溶解和煤体溶胀等方面揭示了水侵对煤体孔隙结构的影响机制。第3章研究了瓦斯在水溶液中的溶解规律,利用间隙填充理论、水合作用理论和有机质增溶作用阐释了各因素对瓦斯溶解度的影响机理。第4章研究了瓦斯在水溶液中的扩散运移规律,从液相黏度、分子无规则运动、水溶液有效间隙、水合作用及有机质的包裹携带作用等方面深入分析了其对瓦斯在水溶液中扩散运移的影响机理。第5章建立了考虑吸附效应的饱和水煤体瓦斯有效扩散系数计算模型,测试了不同条件下瓦斯在饱和水煤体中的有效扩散系数,理论分析了瓦斯压力、孔隙结构和吸附效应对瓦斯有效扩散系数的影响机理。第6章建立了水侵测压钻孔瓦斯运移数学模型及水侵抽采钻孔瓦斯运移数学模型,提出了基于瓦斯溶解量的水侵测压钻孔瓦斯压力测定方法,研制了相关测压装备,准确预测了水侵钻孔瓦斯抽采量,并进行了现场工程验证。第7章总结了全书研究内容及创新点,并展望了下一步的研究工作。

衷心感谢作者博士导师李增华教授对本书在研究过程中提供的指导与资金支持。特别感谢作者博士后合作导师魏建平教授对本人的教诲与帮助。特别感谢中国矿业大学程远平教授、杨永良教授对本书所提的宝贵建议。感谢中国矿业大学孙留涛副教授、中国地质大学(北京)季淮君副教授、山东科技大学刘震副教授、太原理工大学唐一博副教授、河南工程学院周银波讲师的支持与帮助。感谢博士研究生苗国栋、周俊及硕士研究生高瑞亭、徐俊、王明皓、牛俊豪、周晓东、郑凯月、孟庆霞等参与部分研究工作。感谢淮北矿业集团青东煤矿、桃园煤矿、信湖煤矿的领导及工作人员对本书现场试验所提供的支持与帮助。感谢硕士研究生席宇君、王洪洋对本书的校稿工作。在本书的撰写过程中,作者参阅了大量的国内外相关专业文献,这些研究成果给予了作者很大的启发与帮助,在此谨向文献的作者表示诚挚的感谢。最后,感谢中国矿业大学出版社相关工作人员为本书的出版所付出的辛勤劳动。

本书在水侵煤体瓦斯运移规律及矿井瓦斯防治工作方面取得了一定的研究成果,但很多内容还有待进一步的研究和完善。由于作者水平有限,书中疏漏之处在所难免,敬请读者不吝指正。

作　者

2020 年 10 月

目　　录

1　绪　　论

1.1　引言

我国是世界上主要的煤炭生产国和消费国,2019 年我国煤炭消费量占能源消费总量的 57.7%,比 2018 年下降 1.5 个百分点,煤炭消费占能源消费总量比例达到历史新低[1]。但研究表明,2050 年以前煤炭仍是我国的主要能源[2]。因此,煤矿的安全生产对于保障我国经济稳定和繁荣发展具有重要意义。

矿井瓦斯灾害,作为我国煤矿最严重的灾害之一,严重影响了我国矿井的安全生产[2-8]。同时,我国矿井水文地质条件复杂,多数煤层的顶底板会有含水岩层存在,从而加大了瓦斯治理难度[9-10]。在瓦斯治理过程中,通常会在煤层的顶底板施工穿层钻孔以进行瓦斯抽采或瓦斯压力测定,然而,穿层钻孔会将煤层与含水岩层沟通,致使地层水侵入煤体中。侵入煤体中的地层水在水压的作用下,首先对储存在煤层孔隙(裂隙)中的瓦斯产生驱替效应,而后会聚集在钻孔周围,将煤体的孔隙(裂隙)完全填充或部分填充,并在钻孔内形成积水,给矿井瓦斯压力测定和抽采工作带来了严重的困难。

目前,解决地层水侵入的主要方法为高压注浆堵水、提高钻孔封孔质量和排除钻孔积水。然而,我国矿井地质条件复杂,且封孔时受到地层水的干扰,致使封孔质量不佳,多数情况下无法有效阻止地层水侵入[11]。针对抽采钻孔内的积水问题,可以采用放水器放水来提高抽采效率。但是,在相当一部分的下向穿层抽采钻孔中,由于水重力的影响,通过放水器放水的方法便不再适用。而且,由于封孔质量不佳,钻孔密封性较差,钻孔内的积水很难被排采出来,尤其是在长距离下向穿层钻孔中,钻孔内积水较多,抽采负压较低,钻孔内的大量积水不能完全被排采,这给煤层解突工作带来了诸多困难。而对于测压钻孔,如果封孔完成后仍然有地层水侵入,便很难再采取补救措施,导致瓦斯压力测定失败。

目前普遍认为在地层水侵入煤体后,煤层可以被分为3个区域,由钻孔延伸至煤层远端分别为饱和水煤体区域、不饱和水煤体区域和原始煤体区域,如图1-1所示。在不饱和水煤体区域和原始煤体区域,瓦斯的主要流动方式为压力驱动下的渗流。但是,在饱和水煤体区域,煤体孔隙中充满了地层水,这些地层水封堵了瓦斯的渗流通道,导致瓦斯的运移机理发生改变[12-13]。在原始煤体区域和不饱和水煤体区域,瓦斯的流动方式仍然以扩散和渗流为主,但是在饱和水煤体区域和充满水的钻孔内,由于地层水封堵了瓦斯渗流通道,瓦斯的主要流动方式以在饱和水煤体区域及水溶液中的扩散运移为主。特别是对于测压钻孔,当地层水侵入煤层后,瓦斯会溶解在孔隙水中并逐渐扩散运移到充满水的钻孔中,最终在钻孔水中达到溶解平衡状态。

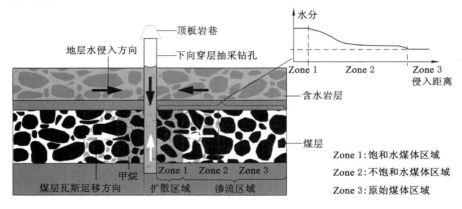

图 1-1　水侵抽采钻孔瓦斯运移物理模型图

然而,目前针对瓦斯在水侵煤体中的流动机制尚未有深入研究,因此本书开展了针对瓦斯在水侵煤体中的运移规律及机理的研究工作,相应的研究成果可以应用到水侵煤层瓦斯压力测定和抽采量预测等领域,对矿井瓦斯防治具有重要意义。

1.2　国内外研究现状

1.2.1　水侵煤层瓦斯治理研究现状

（1）水侵煤层瓦斯压力测定研究现状

在矿井瓦斯防治工作中,通常需要施工穿层钻孔进行瓦斯压力测定,而地层水侵入钻孔会严重影响瓦斯压力测定的成功率,其影响主要体现在以下三个方面:① 钻孔内出水会使封孔设备无法放入钻孔内部,封堵孔口时难度较大,密封质量难以保证;② 地层水侵入会干扰水泥浆液等封孔材料的凝固效果,促使封孔质量下降;③ 地层水侵入后,会干扰瓦斯压力测定的准确性,且会损坏压力表,致使瓦斯压力测定失败[14-22]。

现行针对水侵钻孔瓦斯压力测定的解决方法可以归纳为两种:堵水法和消除水压法。堵水法即通过提高封孔质量来阻止地层水侵入钻孔,而现行的封孔方法主要包括:封孔器封孔、聚氨酯类发泡材料封孔、机械注水泥砂浆封孔、二次封孔和全孔注浆-二次扫孔[23-26]。其中,二次封孔为中国矿业大学周福宝教授团队提出的针对抽采钻孔特定的封孔方法,并不适用于测压钻孔。而效果最好的应为全孔注浆-二次扫孔,该方法首先利用较大直径钻头进行钻孔,在到达煤层顶底板附近时停止钻进,退出钻头后利用注浆泵向孔内注入高压水泥浆,使得钻孔周围的岩体裂隙被水泥浆封堵,待水泥浆完全凝固后,再利用小直径钻头在原有位置重新打钻形成测压钻孔,然后再选用上述其他合适的封孔方法进行封孔测压。但是,该方法仍然不能完全有效地阻止地层水侵入测压钻孔。一方面,为了防止浆液被注入煤层,在第一次打钻时要在距离煤层至少 0.5 m 时停钻,因此,如果含水层距离煤层较近,则该方法无法有效封堵地层水侵入。另一方面,针对较薄的测压煤层,一般需要将测压钻孔穿透整个煤层进行瓦斯压力测定,因此,在煤层被穿透后如果再出现含水层,则仍无法避免地层水的侵入,从而导致压力测试失败。最后,由于受到煤矿现场施工条件和复杂地质条件的影响,该方法针对富含水煤系地层的瓦斯压力测定成功率并不理想。

针对上述问题,众多学者提出了通过消除水压来测定水侵钻孔的瓦斯压力,该类方法试图通过在测定瓦斯压力前将钻孔水放出或者通过一定的数学关系来消除水压的影响从而测定煤层瓦斯压力。例如,刘三钧等[27]依据重力学原理分别设计了上向孔和下向孔的测压钻孔放水器,在瓦斯压力测定时采用人为干预的方法定期对测压钻孔内的积水进行排放,从而消除水压的影响,进而得到煤层瓦斯压力。但是,手动放水器需要工作人员定期进行放水,在放水的同时难免会有部分瓦斯气体排出,导致测压钻孔不断与外界连通,从而增加了达到平衡瓦斯压力所需要的时间。因此,张嘉勇等[28]提出了自动水位补偿的含水煤岩层瓦斯压力测定方法,该方法采用自动放水器来消除水压的影响,但是该方法同样存在弊端,如果测压钻孔与含水岩层连通,则孔内的出水量较大,积水很难被排空,因此该类方法多适用于出水量较小,且水压较小的情况。此外,相关学者还提出了压力修正法来计算水侵钻孔的瓦斯压力,例如通过伯努利方程或者煤层瓦斯含量来反推煤层瓦斯压力,但是该类方法都是通过一定的数学关系间接推算煤层瓦斯压力,多数误差较大,从而无法准确反映真实的煤层瓦斯压力。

综上所述,目前亟须一种新型的水侵钻孔瓦斯压力测定方法及配套装备来保证测压工作的顺利开展。笔者通过大量的现场工程实践发现,在充满水的测压钻孔中,如果打开测压钻孔的阀门,钻孔在喷出水的同时,会有一定量的气泡从水中释放出来。对此,笔者推测其具体物理过程为:当地层水通过钻孔侵入煤层后,逐渐将钻孔周围的瓦斯驱赶至煤层远端,并且最终在瓦斯压力和孔隙阻力的影响下达到平衡状态,此时气水交界面上的压力应等同于煤层瓦斯压力,在压力的作用下瓦斯会溶解于孔隙水中,并且由高浓度区域逐渐向低浓度区域扩散,最终在钻孔水中达到平衡状态。而当测压钻孔阀门被打开时,钻孔流出水的同时,由于压力的释放,溶解在水中的瓦斯会解析出来,从而形成大量气泡。如果能测得溶解平衡时的瓦斯溶解量,便可反推煤层瓦斯压力。基于该思路,笔者提出了基于瓦斯溶解量的水侵钻孔瓦斯压力测定新方法,并研制相关的测压装备,以期为水侵煤层瓦斯压力测定工作提供新的思路及测压装备。

(2)水侵下向穿层钻孔瓦斯抽采研究现状

采用穿层钻孔预抽煤层瓦斯是预防煤与瓦斯突出的重要手段,当近距离煤层群上煤层作为首采煤层时,通常需要施工下向穿层钻孔进行煤层瓦斯预抽。众所周知,在瓦斯抽采时地层水会侵入钻孔内部,而下向穿层钻孔内部积水是制约瓦斯抽采效率的重要因素,这是因为当地层水通过钻孔侵入煤层后,水的封堵作用会使瓦斯运移机制发生改变[29-30]。因此解决钻孔积水问题可以有效提高下向穿层钻孔的瓦斯抽采效率。现行针对地层水侵入抽采钻孔的主要解决方法可分为两种,即提高封孔质量和排出钻孔积水。对于测压钻孔,一旦封孔完成便很难再进行人为干预,而抽采钻孔可以更加有效地采取多种方法排出钻孔积水。提高封孔质量的方法已在前文进行了详细的介绍,可以看出,现行的封孔技术很难在复杂的地质条件下有效地阻止地层水侵入,故本节主要介绍下向穿层钻孔的积水排出方法。

陈加军和赵先凯[31]提出利用井下压风克服钻孔积水自重,排出下向钻孔积水的方法来提高瓦斯抽采效率,并在卧龙湖煤矿进行了工程试验,结果表明,该方法可以将瓦斯抽采浓度提高 7.8% 左右,在一定程度上可有效提高积水钻孔的瓦斯抽采效率。淮南矿业集团针对下向钻孔积水的问题,提出了一套钻孔施工、护孔、孔底自动排水、瓦斯抽采量在线监测的成套技术,该技术通过自动排水装置和压风系统可以将钻孔积水进行排放,从而提高瓦斯抽采效率。王金良和刘晓[32]设计了瓦斯抽采孔自动排水排渣系统,该系统利用高压注水将钻孔底部的残渣排出,再采用压风将积水排出,从而来提高下向穿层钻孔的抽采效率。周鑫隆等[33]通过注浆堵孔和压风排水的方法来提高下向穿层钻孔瓦斯抽采效率,并在潘三矿17181工作面进行了现场试验,结果表明该方法可以达到增透消突的目的。高建成等[34]提出了封堵注浆、"两堵一注"的封孔方式及排水技术,该方法同样是通过高压气体定期将钻孔内的积水排出,从而达到提高瓦斯抽采效率的目的。可以看出,现行针对水侵下向穿层钻孔的主要排水方法为压风排水法,但是该方法同样存在较大缺陷:① 对于长距离下向穿层钻孔,该方法的排水效果较差,很难将钻孔积水完全排出;② 长时间定期对钻孔内进行压风会稀释瓦斯抽采浓度,从而给后期瓦斯利用带来较大困难。因此该方法的适用范围有限。

综上所述,对于无法有效排出积水的钻孔,尤其是长距离水侵下向穿层钻孔,钻孔内积水和饱和水煤体区域的存在会使瓦斯运移机制发生改变,给瓦斯抽采量预测带来了严重的阻碍。即使对于一些可以有效排水的钻孔,由于地层水侵入时饱和水煤体区域的存在,水分对孔隙的封堵作用也阻碍了瓦斯在煤层中的运移。针对这种情况下的瓦斯运移方式仍需进一步开展相关实验和理论研究,以查明此情况下瓦斯抽采效果并准确预测其瓦斯抽采量,从而揭示水侵煤体瓦斯运移机制,并在此基础上提出有效的瓦斯抽采量预测模型,减少矿井瓦斯灾害,为保障矿井安全生产提供有效的理论基础。

1.2.2 水侵对煤体孔隙结构的影响规律研究现状

煤层孔隙结构是影响煤层瓦斯运移的重要因素之一,而地层水侵入煤层后,必然会改变煤体孔隙结构,从而影响煤层瓦斯的运移过程[35-42]。

近年来,国内外众多学者针对水侵煤体孔隙结构的变化规律已经做了大量研究,但是研究结果却仍然存在较大争议[43-44]。秦小文[45]通过扫描电镜对浸水风干煤体的表面形态特征进行了研究,发现煤样经过浸泡后,煤体孔隙会更加发育,并将这归结于煤体溶胀及矿物质溶解两方面作用。但是,该研究并没有进一步对浸水风干煤体的孔隙结构进行定量表征。Y. L. Yang等[46]通过低温N_2吸附实验和CO_2吸附实验测试了长时间(200 d)浸水风干后的煤体孔隙结构变化规律,发现经长时间浸泡后,煤体的孔容和比表面积都呈现不同程度的增加,且增加幅度与煤样的变质程度、矿物质含量都有一定的关联。顾范君[47]采集了水淹矿井的煤样,将煤样风干后,利用压汞实验测试了距水侵点不同距离的煤样孔隙结构参数,结果表明,水侵后煤体的孔体积、比表面积和孔隙率都呈现出了不同程度的增加,并认为水侵对煤样具有明显的"增孔"作用。此外,薛晋霞等[48]利用超临界水对煤样进行处理,同样发现,经处理过后的煤样,孔隙率明显增加。上述研究表明,经过水溶液浸泡后,煤样的孔隙结构参数会发生明显变化,且一般会导致孔隙率、孔容和比表面积增大。

但是,仍有部分学者经过实验研究发现了与上述研究结果相反的规律。例如,李鑫[49]通过气体吸附法测试了不同浸泡时间煤体的孔隙结构参数,发现随着浸泡时间的增加,煤体总孔容和比表面积呈现先减小后增大的趋势,但是经过浸泡后的煤体总孔容和比表面积相比于原始煤样都呈现出不同程度的降低。何勇军[50]采用扫描电镜和比表面积测定仪分析了浸泡煤样的孔隙结构参数,发现虽然浸水风干煤体的孔隙和裂隙数量明显增加,但相比于原始煤样,其孔容和比表面积都呈现出了不同程度的降低。可见,上述研究尽管认为煤样经过浸泡后,煤体孔隙和裂隙数量会增加,但是浸泡后煤样的孔容和比表面积却会出现不同程度的降低。

综上所述,经水溶液浸泡后,煤体孔隙结构参数发生变化是不容争辩的事实,且普遍认为煤体孔隙数量会增加,但是针对孔容和比表面积的变化规律却仍存在较大争议。而且,上述研究普遍通过水溶液浸泡煤样来研究水浸对煤体孔隙结构的影响规律,但是在水侵煤层中,地层水多数是处于承压状态的,即地层水侵入煤体不仅有浸泡的作用,而且还有高压水的侵入作用,目前研究多是忽略了地层水的高压侵入作用,且针对水浸作用的影响仍存在争议。因此亟须深入开展水侵煤体孔隙结构变化规律的研究工作,从而为水侵煤层矿井瓦斯防治工作提供理论基础。

1.2.3 瓦斯在水溶液中的溶解规律研究现状

当侵入煤体中的地层水稳定后,会在钻孔周围形成饱和水煤体区域,在瓦斯压力的作用下,必然会有部分瓦斯溶解在孔隙水中,并逐渐向钻孔内发生扩散运移。如前文所述,本书将提出通过测量钻孔水中的瓦斯溶解量来反推水侵煤层瓦斯压力。因此深入研究瓦斯在水溶液中的溶解特性,是新型瓦斯压力测定方法的前提及基础。而且,瓦斯在孔隙水及钻孔水中的溶解也是瓦斯扩散运移的一个关键环节,因此也是准确预测水侵煤体瓦斯抽采量的重要研究内容。

瓦斯在水溶液中的溶解度受温度、压力和溶液性质等多种因素的影响[51-57]。众所周知,瓦斯是一种微溶于水的气体,在常温常压下100个单位体积的水,只能溶解3个单位体积的甲烷。但是,平衡压力对瓦斯溶解度的影响十分明显。随着压力的升高,甲烷在水溶液中的溶解度基本呈线性增加的趋势。傅雪海等[58]通过实验研究了平衡压力在5～30 MPa条件下甲烷在不同煤层水中的溶解度,实验结果表明,甲烷在煤层水中的溶解度为1.162～5.148 m³/m³,而且甲烷在煤层水中的溶解度要大于甲烷在去离子水中的溶解度。T. R. Rettich 等[59]实验测量了压力范围在50～100 kPa、温度范围在

275～328 K 条件下,甲烷在纯水溶液中的溶解度,并且认为甲烷在水中的溶解度符合亨利定律,并依据实验结果计算了各条件下的亨利系数。这说明在低压条件下,甲烷在纯水中的溶解度和平衡压力基本是呈线性关系的。同样,A. Chapoy 等[60]测试了低温条件下平衡压力在 0～18 MPa 时的甲烷溶解度,其测试结果表明甲烷溶解度随着平衡压力的升高而升高,在低压条件下甲烷溶解度与平衡压力基本呈线性关系(即符合亨利定律),但是随着平衡压力的升高(当大于 10 MPa 时),甲烷溶解度增加的趋势减缓,不再呈线性关系。而 K. Lekvam 等[61]的实验结果同样表明,在平衡压力较低时,纯水溶液的甲烷溶解度是与平衡压力呈线性关系的。上述研究表明,低压条件下甲烷在纯水溶液中的溶解度基本与平衡压力呈线性关系。该研究成果可为本书提出的新型瓦斯压力测定方法提供一定的借鉴和参考。

但是,上述实验成果主要是针对纯水溶液进行研究的。由于储层环境十分复杂,矿井水不仅具有地下水的特征,还会在开发过程中受到人为污染,因此矿井水还具有地表水的一些特点,其成分受自然因素和人为因素共同影响[62]。一般来说,矿井水是一类多元相的复合型水,包含无机物、有机物、细菌等多种复杂的成分,其中无机矿物质的成分相对来说远高于其他溶质的含量,矿井水中的无机阳离子主要为 K^+、Ca^{2+}、Na^+、Mg^{2+} 等,阴离子主要为 HCO_3^-、CO_3^{2-}、Cl^-、SO_4^{2-} 等。众多学者针对矿物质对甲烷在水溶液中溶解度的影响也开展了大量的研究工作。普遍认为,随着矿物质含量的增加,瓦斯在水溶液中的溶解度会逐渐降低。付晓泰等[63]测试了瓦斯气体在盐溶液中的溶解度,认为在 20～80 ℃、5～30 MPa 条件下,瓦斯溶解度随着无机盐浓度的增加而减小,同时他们也提出了水分子与盐离子的理论配位模型,并在此基础上推导了气体溶解度方程。该方程可以依据水中的矿化度,理论计算瓦斯在不同压力、温度条件下的溶解度,但是该理论模型忽略了不同离子对甲烷溶解度的影响。因此,文献[64-67]通过将状态方程与特定粒子相互作用理论相结合的方法,推导了不同离子浓度条件下的瓦斯溶解度方程,该溶解度方程考虑了 K^+、Ca^{2+}、Na^+、Mg^{2+}、Cl^-、SO_4^{2-} 等不同离子类型对瓦斯溶解度的影响,且该模型计算温度和压力范围广(温度范围为 273～523 K;压力范围为 0.1～200 MPa),因此该理论模型更适用于复杂条件下水溶液中的瓦斯溶解度计算。

温度是影响甲烷溶解度的一个重要影响因素,相较于压力和矿物质,温度对甲烷在水溶液中溶解度的影响较为复杂。王锦山等[68]实验测试了低温条件下(低于 100 ℃)甲烷在裂隙水和蒸馏水中的溶解度,结果表明甲烷在水溶液中的溶解度均随着温度的增加而逐渐降低。范泓澈等[69-70]测试了瓦斯气体在碳酸氢钠型水溶液中的溶解度,认为瓦斯在地层水中的溶解过程可分为3个阶段:当温度在0~80 ℃范围内,随着温度的增加,瓦斯溶解度呈缓慢递减趋势;当温度在80~150 ℃范围内,随着温度的增加,瓦斯溶解度呈快速递增趋势;当温度大于150 ℃时,瓦斯溶解度再次随着温度的增加而缓慢递增。Z. H. Duan 等[71]建立了0~160 MPa、0~250 ℃范围内的甲烷溶解度预测模型,并从文献中收集了大量的甲烷溶解度数据,总结发现,在低温条件下甲烷溶解度随着温度的增加而降低,但是随着温度继续升高,甲烷在水溶液中的溶解度便转而开始增加。不同的是,在不同压力条件下甲烷溶解度变化趋势的拐点是不同的,一般情况下,拐点是出现在100 ℃以后。以上研究表明,甲烷在水溶液中的溶解度随着的温度增加一般会呈现先降低后增加的趋势,而各个阶段的温度范围是随着实验条件的变化而变化的。

综上所述,在一定压力条件下,甲烷气体是可以溶解在地层水中的,且溶解度受到水质、压力和温度共同影响,而甲烷又是瓦斯气体的主要成分,因此本书所提出的基于瓦斯溶解量的水侵煤层瓦斯压力测定方法在理论上是可行的。但是,由于储层条件复杂,地层水受到自然和人为因素的共同影响[72],而现行研究大多是针对单一溶质或者蒸馏水进行的,因此仍需系统性地分析不同矿井水溶液的溶质类型,进而开展矿井水中甲烷溶解度的实验研究,并确定溶解度与平衡压力之间的数学关系,从而为水侵煤层新型瓦斯压力测定方法和抽采量预测奠定实验和理论基础。

1.2.4　气液两相运移规律研究现状

地层水侵入煤层后瓦斯流动机制会发生改变,目前认为瓦斯在煤层中的流动方式主要以单相流动和两相流动为主[73-80]。本部分将对气体单相流动和气液两相流动进行简单介绍。

（1）气体在煤层中的单相运移研究现状

瓦斯在煤层中的流动主要分为两个部分:扩散和渗流。在瓦斯抽采过程中,由于钻孔负压的影响,裂隙中的瓦斯会在压力梯度的作用下在煤层裂隙中进行渗流流动,进而打破裂隙与孔隙中瓦斯运移的动态平衡,使得储存在煤中微小孔隙的气体在浓度差的作用下由小孔隙扩散到裂隙[81-90]。普遍认为,瓦斯在煤层中的扩散过程遵循菲克定律,而渗流则遵循达西定律[91-95]。

瓦斯气体在煤中扩散的数学模型主要分为单孔扩散模型和双孔模型,由于双孔扩散模型更加符合煤体实际情况,因此被学术界广泛认可。E. Ruckenstein 等[96]于1971年提出了双孔扩散模型,他们将气体在煤中的扩散归纳为在微小孔隙的缓慢扩散和在大孔隙的快速扩散。但是该模型假设气体在煤中的吸附是符合线性变化规律的,而且扩散外部边界为常数,不随时间变化而改变,这显然与实际情况不符。因此,C. R. Clarkson 等[97]于 1999 年提出了改进后的双孔扩散模型,该模型假设气体在微小孔隙中的吸附符合朗缪尔方程,而在大孔中无吸附,其边界条件是随时间变化的。该模型的提出,使得气体在煤中的扩散模型更加接近实际情况。

因此,瓦斯在煤层中的流动模型主要可以归纳为:单孔单渗模型、双孔单渗模型和双孔双渗模型[98-101]。单孔单渗模型只考虑煤层瓦斯在裂隙中的流动情况而忽略了在微孔隙中的扩散;双孔单渗模型则分别考虑瓦斯在微孔隙和裂隙中的流动情况,该模型认为瓦斯主要吸附在煤中微孔隙,而在裂隙中无吸附,瓦斯在微小孔隙到裂隙之间的运移符合菲克定律,在裂隙中的流动则符合达西定律;双孔双渗模型则认为瓦斯在煤体微小孔隙中同样会发生渗流现象。尽管各种模型的适用情况仍然存在一定的争议,但是普遍认为瓦斯在煤中的运移更加符合双孔单渗模型,因此双孔单渗模型更受到广大学者的推崇。

(2)气液两相在煤层中的运移规律研究现状

普遍认为,在原始状态下,煤层中不仅有瓦斯气体,还存在着大量的液态水,而煤层气抽采主要历经三个阶段:单相水流阶段、非饱和流阶段以及气水两相流阶段[102-112]。其中,气液两相流动是煤层气领域的重要课题,众多学者针对气液两相流动也已经开展了大量的研究,其研究主要从实验室实验和数值模拟两个方面进行。

针对实验研究方面,王锦山[113]利用稳态法在恒压条件下测试了气水相对渗透率,通过实验发现,气、水相渗透率之和小于气或水的绝对渗透率。进而,众多学者研究了不同影响因素对气水相渗透率的影响规律,张永利等[114]实验研究了气水两相流动过程中渗透率随饱和度的变化关系,并且认为,在水饱和度处于较低范围时(小于 25%),水饱和度的变化对于气体相对渗透率影响较小;而当水饱和度达到 85%时,气体相对渗透率急速下降;随着水饱和度继续增加,气体相对渗透率逐渐接近于 0,当水饱和度达到 90%以上时,气体几乎不再流动。吕祥锋等[115]实验研究了有效应力和围压对气水相对渗透率的影响,发现围压对渗透率的影响较小,有效应力对气水相对渗透率影响较大,而且发现存在着一个临界有效应力值,在小于该值时,气水相对渗透率会随着有效应力的增加而迅速降低,而大于该值时降低幅度会明显下降。此外,潘一山和唐巨鹏等[116-117]首次将 NMRI(nuclear magnetic resonance imaging)技术应用到气水两相流研究领域,并且发现了水在驱气过程的主要路径为大裂隙—周边裂隙—周边孔隙。

针对数值模拟方面,李明助[118]建立了考虑吸附作用的单孔隙气水两相流动数值模型,并利用数值模拟软件分析了不同时间时孔隙压力、含水饱和度、孔隙率以及气水相对渗透率的变化规律。T. R. Ma 等[119]同样利用单孔隙率模型分析了两相流动过程中气体解析导致煤基质收缩对两相流动的影响。李义贤[120]利用单孔渗流模型分析了温度效应对气液两相流动的影响，并利用数值方法分析了不同温度时的压力场、流速场和气体产量。但是该模型仅仅是通过改变孔隙率参数来反映温度场的影响，忽略了温度场传播过程对流体及孔隙变形的动态影响，而且，单孔模型无法准确有效地描述煤体复杂的孔隙结构。因此，S. Li 等[121]建立了考虑温度场动态影响的双孔单渗两相渗流模型，并对比分析了不同数值模型对气体产量的影响，发现在估算煤层气产量时，忽略孔隙水的影响会高估煤层气产量，而忽略温度场则会导致煤层气产量被低估。

综上可以看出，在煤层气领域已经开展了大量关于气液两相流动的研究。但是本书的研究对象不同于煤层气抽采，而是针对水侵穿层钻孔的矿井瓦斯抽采。由于在矿井瓦斯抽采过程中，钻孔的抽采负压一般在 15～50 kPa，且种种原因导致钻孔密封性较差，从而使得下向穿层钻孔的积水不能被完全抽出。同时，地层水也会通过钻孔逐渐侵入煤层，致使钻孔周围存在饱和水煤体区域，此时，煤层中的瓦斯运移方式会发生改变，因此鲜有针对水侵煤体瓦斯运移机制的研究被报道。对此，本书将通过实验研究和数值模拟相结合的方法深入研究水侵煤体瓦斯运移特性，为水侵煤体矿井瓦斯防治工作提供理论基础。

1.2.5　瓦斯在水溶液及饱和水多孔介质中的扩散运移规律研究现状

针对水侵测压钻孔，由于钻孔周围饱和水煤体区域的存在，瓦斯在煤层中的运移方式会发生改变。以钻孔为中心，钻孔中有水，钻孔周围的煤体被润湿，孔隙完全被水充填。离钻孔越远，煤中含水越少，并逐步过渡到原始煤体区域。因此，瓦斯的运移路径是从原始煤体进入部分湿润的煤体，再进入到饱和水煤体，然后在饱和水煤体中发生扩散运移，并逐渐扩散至钻孔水中，直至溶解平衡。同样，在水侵下向穿层抽采钻孔中，因为钻孔积水和饱和水煤体区域的存在，瓦斯的运移方式同样以上述过程进行运移。不同的是，由于抽采钻孔中的压力为负压，溶解在钻孔水中的瓦斯气体会不断地解析，从而被抽采出来。因此深入研究气体在水及饱和水煤体中的扩散运移特性对于水侵煤层矿井瓦斯防治工作具有重要意义。

当气体接触到封闭体积中的液体时，气液分界面处的气体会迅速溶解到液体表面，并在液体表面形成饱和气体溶液，继而溶解后的气体会由高浓度区域向低浓度区域进行扩散，直到在水溶液中达到平衡状态[122-130]。气体在液相中的扩散性质是许多领域关注的科学问题，想要了解气体在液相中的扩散规律,首先要确定气体在液相中的扩散系数。

目前,实验测定扩散系数的方法主要分为两种:直接法和间接法。直接法通常是在不同的时间和距离对扩散样本采样,然后分析获得样本中气体的浓度或稳定状态时的浓度梯度,然后利用相应的数学模型计算该条件下的扩散系数。常用的直接法为膜池法和毛细管法[131-133]。但是,直接法多是针对环境压力和温度较低时所使用的方法。在高温高压条件下,现有的技术措施很难直接分析出不同时间和不同位置的气体浓度。不同于直接法,间接法不再测定样品组分,而是测定气体在扩散过程中引起的体系压力、流体密度等变化,然后采用相应的数学模型计算得到该条件下的扩散系数。相对于直接测定法,间接测定法便于操作,更容易获得高温高压条件下的气体扩散系数。因此,间接测定法更受广大学者的推崇。最常见的间接测定法为 PVT(pressure-volume-temperature)测定法,这种方法是通过测定出气体在液相中扩散时所引起的压力变化,从而反算出不同时间内扩散到液体中的气体量,并通过相关数学模型计算得到气体在液相中的扩散系数。

针对气体在液体中的扩散系数变化规律,众多学者也开展了大量的研究。温度对气体扩散系数的影响已基本得到公认,即随着温度的升高,气体分子热运动增强,从而使得气体的扩散系数增加。例如,W. D. Zhang 等[134]建立了气体在盐溶液中的扩散系数计算模型,并实验测试了二氧化碳气体在不同温度条件下的扩散系数,结果表明,温度与扩散系数呈正相关关系。郭会荣等[135]通过显微激光拉曼光谱原位测定法测量了不同温度、不同压力下甲烷气体在水溶液中的扩散系数,认为气体扩散系数随着温度的升高而增加。

关于压力对气体在水溶液中的扩散系数的影响仍然存在较大争议。郭会荣等[135-136]实验测试了 $5\sim40$ MPa 条件下瓦斯在水溶液中的扩散系数,实验结果表明,瓦斯在水溶液中的扩散系数几乎不受压力的影响,因此他们认为瓦斯在水溶液中的扩散系数与压力不存在明显的相关性。同样,李兰兰[137]通过实验测试了温度范围在 $268\sim473$ K、压力范围在 $10\sim40$ MPa 时,气体在盐溶液中的扩散系数,结果发现,相对于温度的影响,压力对于气体扩散系数的影响几乎可以忽略不计。但是,W. D. Zhang 等[134]实验测试了 $0.5\sim2$ MPa下气体在盐水中的扩散系数,结果表明,在测试范围内气体扩散系数与压力呈明显的正相关关系。E. S. Hill 等[138]探讨了温度与气体扩散系数的关系,并且认为当温度较低时,压力的升高会引起气体扩散系数的升高,但是当温度高于 27 ℃时,压力的升高反而会造成气体扩散系数降低。上述研究表明,众多学者关于压力对气体扩散系数的影响规律仍未达成共识,不同条件下压力对于扩散系数的影响有可能不同,因此亟须进一步开展相关研究。

此外,除了压力与温度,溶液中的溶质成分同样是影响气体扩散系数的重要因素之一。颜景前[139]利用双室扩散法实验测定了不同矿化度条件下瓦斯气体在水溶液中的扩散系数,实验结果表明,随着矿物质浓度的增加,气体扩散系数逐渐降低,而且通过拟合实验数据发现,气体扩散系数与矿化度的变化呈线性相关。S. M. Jafari Raad 等[140]分析了气体在不同盐溶液中的扩散系数,认为气体扩散系数与金属离子的大小、电荷以及浓度密切相关。此外,相关学者[141-143]除了实验测试气体在水溶液中的扩散系数,还测试了气体在离子液体及重油中的扩散系数,实验结果表明,气体在水溶液中的扩散系数比在离子液体中的扩散系数要小 2~3 个数量级,但是要稍大于气体在重油中的扩散系数。

上述研究表明,气体在水溶液中的扩散系数受到温度、压力、溶质成分的共同影响。然而在水侵煤层中,在钻孔水中溶解的气体是在水溶液中进行扩散运移的,而在钻孔周围的饱和水煤体区域,气体是在饱和水煤体中进行扩散的,其扩散还会受到煤体孔隙结构的影响。

当前,已经有部分学者针对气体在饱和液体多孔介质中的有效扩散系数测定进行了相关研究[144-145]。Y. C. Song 等[146]利用磁共振成像技术测试了气体在饱和水岩芯中的有效扩散系数,并验证了该方法的可靠性,但是该方法测试成本较高。因此,E. Jacops 等[147-148]利用双室扩散法测试了气体在饱和黏土矿物中的有效扩散系数,该方法测试简便,但计算过程十分复杂。张云峰等[149]设计了一套饱和水多孔介质气体有效扩散系数测定装置,并构建了有效扩散系数计算模型,实验测试了 14 个不同物性的岩样,验证了该模型的准确性。但是该方法测定所需时间较长,且在计算过程中,取不同时间的数据所得到结果不同,因此存在较大的误差。相关学者利用 PVT 法测试了气体在饱和油岩芯中的有效扩散系数,并分析了温度、压力及岩芯渗透率对有效扩散系数的影响,该方法操作及计算过程相对较为简单,为测量气体在饱和水多孔介质中的扩散系数提供了较为简便的测试方法[150-153]。

综上所述,已经有相关学者针对气体在饱和多孔介质中有效扩散系数的测定进行了大量研究。但是,目前仍未有针对饱和水煤体的研究被报道,不同于普通岩石,煤体具有更加复杂的孔隙结构,而且具有较强的吸附特性。即使在饱和水煤体中,仍然会有极少的孔隙不能被水分完全占据,从而可能会导致有少部分的瓦斯被吸附在煤体中,而传统计算模型忽略了煤体吸附对有效扩散系数测定造成的影响,因此亟须重新建立针对饱和水煤体瓦斯有效扩散系数的计算模型,并开展相关研究。

本书将围绕水侵煤体瓦斯运移机制开展相关研究,通过理论分析、实验室实验、数值模拟和工程试验相结合的方法,分析水侵煤体孔隙结构变化规律,探索瓦斯在水溶液中的溶解规律,掌握瓦斯在水及饱和水煤体中的扩散运移机制,在此基础上建立水侵煤体瓦斯运移数学模型,提出水侵钻孔瓦斯压力测定新方法和准确预测水侵下向穿层钻孔瓦斯抽采量,并进行工程试验。本书所取得的研究成果可为水侵煤体矿井瓦斯防治工作提供理论知识和工程实践基础。

1.3　存在问题与不足

（1）地层水通过穿层钻孔侵入煤层后必然会对煤体孔隙结构造成较大影响,而现行关于压力水对煤体孔隙结构的影响仍然存在较大争议,亟须开展进一步研究以掌握水侵对煤体孔隙结构的影响机制。

（2）地层水通过穿层钻孔侵入煤层后,钻孔周围会存在饱和水煤体区域,在此区域中,瓦斯会发生溶解-扩散运移,因此亟须建立针对饱和水煤体的瓦斯有效扩散系数计算模型,并掌握瓦斯在水及饱和水煤体中的溶解-扩散运移规律。

（3）地层水侵入测压钻孔会造成瓦斯压力测定失败,亟须建立水侵测压钻孔瓦斯运移数学模型,并研发针对水侵钻孔的瓦斯压力测定装备及方法。

（4）由于钻孔积水,使用传统渗流模型无法描述瓦斯抽采运移规律,亟须建立水侵下向穿层钻孔瓦斯抽采运移数学模型,从而准确描述水侵下向穿层钻孔瓦斯抽采运移规律。

1.4　研究内容、研究方法及技术路线

1.4.1　研究内容

结合当前存在的问题,本书将开展水侵煤体瓦斯运移机理研究。由于地层水的侵入首先会对煤体孔隙结构造成影响,而孔隙结构是影响瓦斯运移的重要因素,因此本书首先研究地层水侵入对煤体孔隙结构的影响规律。当地层水稳定后,煤层中的瓦斯在饱和水煤体区域和充满水的钻孔中会发生扩散运移,而此过程的前提是瓦斯在水溶液中溶解,因此也将对瓦斯在水溶液中的溶解规律进行研究。在此基础上,开展瓦斯在水溶液及饱和水煤体中的扩散运移规律研究。最终,结合上述研究成果,建立水侵测压钻孔瓦斯运移数学模型,提出基于瓦斯溶解量的水侵煤层瓦斯压力测定方法,并研制相关测压装备进行工程试验;建立水侵抽采钻孔瓦斯运移数学模型,准确描述水侵抽采钻孔

瓦斯运移规律,并进行水侵钻孔瓦斯抽采量预测。具体研究内容如下:

(1) 水侵煤体孔隙结构变化规律研究

通过 CO_2 吸附实验和低温 N_2 吸附实验分析煤体水侵前后的孔隙结构变化规律,采用分形理论定量分析水侵前后煤体孔隙结构变化特征。然后,通过XRD(X-ray diffraction)实验测试水侵前后煤中矿物质的变化规律。结合实验研究成果,理论分析水侵对煤体孔隙结构的影响机制。

(2) 瓦斯在水溶液中的溶解规律研究

选取不同矿井水样,实验分析矿井水样中主要溶质的成分及含量。建立瓦斯气体溶解实验装置,实验研究温度、压力和矿物质对水溶液中瓦斯溶解度的影响规律。然后,实验研究瓦斯在矿井水溶液的溶解规律,通过对比分析,掌握瓦斯在矿井水中溶解度的主要影响因素,并确定平衡压力与瓦斯溶解度之间的数学关系。结合实验研究成果,理论分析各因素对瓦斯溶解度的影响机制,为新型瓦斯压力测定方法奠定实验和理论基础。

(3) 瓦斯在水溶液中的扩散运移规律研究

建立瓦斯在水溶液中的扩散运移实验装置,采用 PVT 测定法监测实验系统内的瓦斯压力变化规律,采用传统扩散系数数学模型计算瓦斯在水溶液中的扩散系数。实验研究瓦斯在不同温度、压力、矿物质浓度及矿井水溶液中的扩散运移规律。结合实验研究成果,理论分析不同因素对水溶液中瓦斯扩散运移的影响规律。

(4) 瓦斯在饱和水煤体中的扩散运移规律研究

构建适用于饱和水煤体瓦斯有效扩散系数的计算模型,搭建饱和水煤体瓦斯扩散运移实验装置,实验研究不同变质程度煤样和不同压力条件下瓦斯在饱和水煤体中的扩散运移规律,并通过与传统径向有效扩散系数计算模型的对比,验证本书所构建模型的准确性与优越性。采用 NMR(nuclear magnetic resonance)实验测试不同变质程度煤样的孔隙结构,分析孔隙结构对瓦斯有效扩散系数的影响规律。结合实验研究成果,理论分析不同因素对瓦斯有效扩散系数的影响机制。

(5) 水侵煤体瓦斯运移数学模型建立及工程应用

结合上述研究成果,分别建立水侵测压钻孔和水侵抽采钻孔瓦斯运移数学模型,数值分析瓦斯在水侵煤体中的运移规律,研发基于水中瓦斯溶解量的水侵煤体瓦斯压力测定装备及方法,选取典型水侵煤层进行瓦斯压力测定,并将现场测试结果与数值模拟结果对比,验证该方法的可行性。然后,通过所建立的数学模型理论计算水侵钻孔瓦斯抽采量,并进行现场工程验证。

1.4.2　研究方法

为了研究瓦斯在水侵煤体中的运移机制,本书将采用实验室实验、理论分析、数值模拟和工程试验相结合的方法进行研究。通过实验室实验和理论分析的方法,研究水侵对煤体孔隙结构的影响机制,掌握瓦斯在水溶液中的溶解-扩散运移规律,并在此基础上,建立饱和水煤体瓦斯有效扩散系数计算模型,探索不同因素对瓦斯有效扩散系数的影响机制。结合上述研究成果,建立瓦斯在水侵煤体中的运移数学模型,通过数值分析的方法掌握瓦斯在水侵煤体中的动态运移规律。最终,将研究成果应用于水侵钻孔瓦斯压力的测定和瓦斯抽采量的预测。水侵煤层瓦斯运移机理研究方法如图1-2所示。

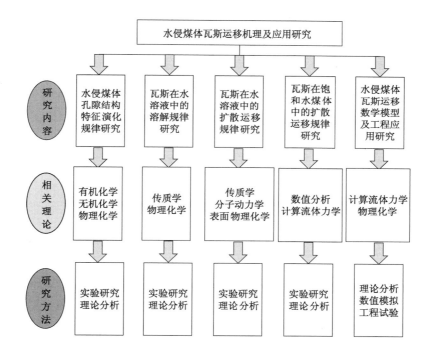

图 1-2　水侵煤层瓦斯运移机理研究方法

1.4.3　技术路线

水侵钻孔一方面会导致瓦斯压力测定失败,另一方面会致使瓦斯运移机制发生改变,使得利用传统渗流模型无法准确描述水侵下向穿层钻孔瓦斯抽采运移规律。因此,本书从水侵煤层矿井瓦斯防治工作入手,从工程问题中提炼出科学问题,即对水侵煤体瓦斯溶解-扩散运移机理进行研究,并围绕该科学问题,提出了 1.4.1 小节中的 5 方面研究内容,最终再将研究成果运用到水侵煤层瓦斯压力测定及抽采量预测工作中。本书技术路线如图 1-3 所示。

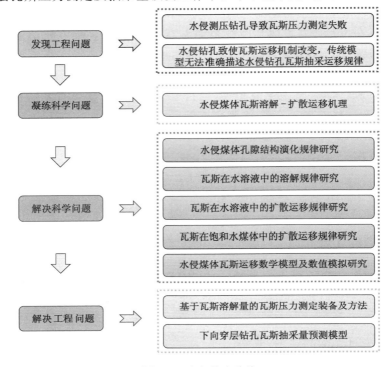

图 1-3　本书技术路线

2　水侵煤体孔隙结构变化规律

孔隙结构是影响气体运移的重要影响因素之一,而当地层水侵入煤层后必然会改变煤体的孔隙结构:一方面,当地层水侵入后,煤中的可溶性矿物质会溶解到地层水中;另一方面,地层水对煤体的溶胀作用也会影响煤体的孔隙结构。因此,本章将通过在实验室模拟高压水侵入煤体,得到水侵条件下的煤样,并利用 XRD 实验、低温 N_2 吸附实验和 CO_2 吸附实验测试水侵前后煤体的矿物质变化规律和孔隙结构变化规律。最终,从黏土矿物质崩塌、矿物质溶解和煤体溶胀等角度,揭示水侵对煤体孔隙结构的影响机制,为水侵煤层的矿井瓦斯防治工作提供一定的理论基础。

2.1　实验样品

2.1.1　样品来源

本书选择了三种不同变质程度的煤样作为研究对象,分别为来自安徽省宿州市桃园煤矿的烟煤,安徽省淮北市杨庄煤矿的烟煤和山西省晋城市沁城煤矿的无烟煤。

以桃园煤矿为例,桃园煤矿自 1995 年投产至 2013 年 6 月,共发生突水事故 25 次,其中底板突水 16 次,顶板突水 8 次,老塘出水 1 次。其中,最大突水事故是 2013 年 2 月 3 日 1035 工作面开切眼处发生的底板突水事故,保守估计,此次突水事故的最大突水量可达到 10 000 m^3/h。桃园煤矿先后采取了堵水、截断、排水等综合治理措施,累计注入 210 700 t 水泥浆,最终在 2013 年 8 月 26 日完成全部排水,并于当年年底重新恢复生产。

桃园煤矿在生产过程中深受水害的影响,特别是在瓦斯压力的测定过程中,部分区域存在钻孔涌水现象,会导致测压失败。为了解决钻孔涌水问题,桃园煤矿采用了包括全孔注浆-二次扫孔等各种封孔方法来解决钻孔涌水问题,即在未穿透煤层的钻孔中向含水岩层进行高压注浆,利用高压浆液封堵含水岩层的孔隙通道,等浆液凝固后在原孔上进行二次扫孔,但即使这样,依然无法成功封孔,因此钻孔涌水一直是桃园煤矿难以解决的问题。

综上,本书将选取桃园煤矿等典型的水侵矿井煤样作为研究对象来开展相关研究。

2.1.2　煤样的基本性质

本小节首先测试了桃园煤矿煤样(以下简称 TY 煤样)、杨庄煤矿煤样(以下简称 YZ 煤样)和沁城煤矿煤样(以下简称 QC 煤样)的工业分析、平均最大镜质组反射率和真密度等参数,测试结果见表 2-1。

表 2-1　煤质基础特征分析结果

样品	工业分析/%				真密度 /(g/cm³)	平均最大镜质组 反射率($R_{V,max}$)/%	煤种
	M_{ad}	A_d	V_{daf}	FC_{ad}			
TY 煤样	1.35	18.93	38.73	52.03	1.29	0.79	烟煤
YZ 煤样	2.52	22.88	9.86	67.43	1.41	1.39	烟煤
QC 煤样	1.86	11.36	7.25	82.28	1.49	2.81	无烟煤

2.1.3　实验样品制备

本书所使用的煤样均是直接从井下工作面采集的新鲜煤样,并通过密封袋密封后运至实验室,在实验室将煤体表面剥离后,对煤体进行破碎和筛分,筛取粒径范围在 1～2 mm 的煤样 500 g。为了在实验室中得到高压水侵入后的煤样,通过以下方法进行处理:取 200 g 筛分好的煤样放置在煤样罐中(煤样罐体积为 450 mL,耐压 16 MPa),然后对煤样罐进行密封并真空脱气 6 h。脱气完毕后向煤样罐注入高压蒸馏水(2 MPa),使得煤样在高压水环境中密封保存 60 d。然后,把煤样从煤样罐中取出,并过滤除去多余水分,将过滤后的煤样放入真空干燥箱,在 60 ℃的条件下真空干燥 24 h。待煤样冷却后,放入密封袋中保存,用于后续实验。本书所表述的水侵后煤样均为通过此方法处理后的煤样,而水侵前煤样则为原始煤样经过真空干燥后的煤样。

2.2　水侵煤体矿物质成分及孔隙结构测试方法

煤是由有机物和无机物共同组成的混合物质,众多研究表明,煤的大分子骨架之中含有一定量的矿物质[154-158],其中相当一部分矿物质存在于煤孔隙和裂隙之中,一方面这些矿物质的存在堵塞了瓦斯气体的运移通道,增加了煤体瓦斯的运移阻力,另一方面由于这些矿物质的存在而产生的孔隙——矿物质孔,为瓦斯气体提供了赋存空间,而煤中的矿物质含量一般在 5% ～ 30%[159-165]。表 2-2 为煤中矿物质成分表,可以看出煤中的主要矿物质为硅酸盐矿物质、黏土矿物质、二硫化物和碳酸盐矿物质,此外还含有长石和硫酸盐等次要矿物质。经过长时间的高压水浸泡,煤中的部分矿物质必然会溶解在水中,从而改变煤体的孔隙结构特征。因此本章将通过 XRD 实验测试煤中矿物质成分的变化规律,从而为深入研究水侵对煤体孔隙结构的影响机制提供理论基础。

表 2-2 煤中的矿物质成分

类别	主要矿物质		类别	次要矿物质	
	名称	化学式		名称	化学式
硅酸盐	绿泥石	$Y_3[Z_4O_{10}](OH)_2 \cdot Y_3(OH)_6$	长石	黄钾铁矾	$KFe_3(SO_4)_2(OH)_6$
	石英	SiO_2		斜长石	$Na[AlSi_3O_8]\text{-}Ca[Al_2Si_2O_8]$
黏土矿物	高岭石	$Al_4[Si_4O_{10}] \cdot (OH)_8$		正长石	$KAlSi_3O_8$
	伊利石	$(K,H_3O)Al_2[(Al,Si)Si_3O_{10}][(OH)_2,H_2O]$	硫酸盐	针绿矾	$Fe_2(SO_4)_3 \cdot 9H_2O$
二硫化物	黄铁矿/白铁矿	FeS_2		水铁矾	$FeSO_4 \cdot H_2O$
				石膏	$CaSO_4 \cdot 2H_2O$
			氧化物	金红石	TiO_2
碳酸盐	方解石	$CaCO_3$		闪锌矿	ZnS
	白云石	$CaMg(CO_3)_2$	硫化物		
	铁白云石	$Ca(Mg,Fe)(CO_3)_2$		方铅矿	PbS

注:Y 主要代表 Mg^{2+}、Fe^{2+}、Al^{3+} 和 Fe^{3+};Z 主要代表 Si 和 Al。

经过长时间的浸泡,除了矿物质溶解,高压水的溶胀作用也会进一步改变煤的孔隙结构。目前常用的孔隙结构测试方法根据其测试原理大体可分为两类:光电辐射测试法和流体侵入测试法[166-169]。不同测试方法的测试孔径范围不同,为了较为全面地获得水侵前后煤样的孔径分布,本章将使用低温 N_2 吸附实验和 CO_2 吸附实验测试水侵前后煤样的孔径分布。煤样的孔隙分类较多,而国际上最流行的孔隙分类为国际纯粹与应用化学联合会(International Union of Pure and Applied Chemistry,IUPAC)所提出的按照孔径大小进行的分类。因此,本章根据 IUPAC 对孔隙的分类,将孔隙划分为三类:微孔(孔径<2 nm)、中孔(孔径为 2～50 nm)和大孔(孔径>50 nm),而且,采用低温 N_2 吸附实验测试煤中的中孔和大孔,采用 CO_2 吸附实验测试煤中的微孔。具体实验方法如图 2-1 所示。

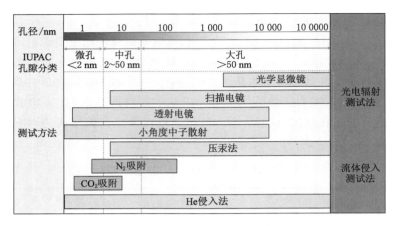

图 2-1　煤的孔隙类型及测试方法

2.2.1　XRD 测试煤中矿物质

（1）XRD 测试的实验仪器

煤样 XRD 测试实验是在中国矿业大学现代分析与计算中心进行的。所使用的 X 射线衍射仪为德国 Bruker 公司生产的 D8 ADVANCE 型仪器，如图 2-2 所示。仪器具体信息如下：角度重现性 $\pm 0.000\,1°$；最小步长 $0.000\,1°$；最大输出为 3 kW；稳定性为 $\pm 0.01\%$；管电压为 $20\sim 60$ kV；管电流为 $10\sim 60$ mA。一般测试条件：X 射线管电压为 40 kV，电流为 30 mA；阳极靶材料为 Cu 靶，K_{α} 辐射；测角仪半径为 250 mm；Ni 滤片滤除 Cu 的 K_{β} 射线；检测

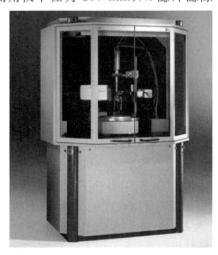

图 2-2　XRD 实验装置图

器开口角为 2.82°;入射侧与衍射侧索拉狭缝均为 2.5°;采样间隔为 0.019 450 (step);测量范围(2θ)为 3°～105°(根据不同样品调整);检测器采用林克斯阵列探测器;特殊样品按照实际情况测试。

煤中矿物质成分较为复杂,定量分析较为困难,为了获得煤中各矿物质的定量分析结果,将煤样送到江苏地质矿产设计研究院,依据标准《沉积岩中黏土矿物和常见非黏土矿物 X 射线衍射分析方法》(SY/T 5163—2018)对煤样进行进一步处理,并进行 XRD 测试分析,从而获得了煤样全岩组分分析结果。

（2）XRD 测试实验步骤

将所选煤样粉碎并研磨筛选出粒径小于 0.074 mm 的样品 0.5 g,经测试仪器测试后使用 MDI Jade 5.0 分析软件进行分析。对于物相分析,利用国际衍射数据中心(ICDD)提供的物质标准粉末衍射资料进行分析,然后将数据导出,利用 Origin 软件进行绘图。

2.2.2　低温 N_2 吸附实验测试方法

（1）低温 N_2 吸附实验仪器

本章所使用的低温 N_2 吸附实验仪器为 V-Sorb 4800P 比表面积孔径分析仪,其吸附介质为高纯 N_2($\geqslant$99.999%)。该仪器的主要功能有:进行吸附及脱附等温线测定;利用朗缪尔理论和 BET 理论(Brunauer-Emmett-Teller)测定其比表面积;估算其平均粒径;样品真密度测定;BJH(Barret-Joyner-Halenda)总孔体积及孔径分布分析;t-plot 法微孔分析等。其比表面积测量范围为大于或等于 0.01 m^2/g;孔径测量范围为 0.35～400 nm。测量样品类型为粉末、颗粒、纤维及片状材料等。可同时满足 4 个样品的吸附、脱附测定。该仪器主要分为 6 个部分,分别为真空泵接口、加热装置、样品预处理区、样品测试区、样品管和液氮杯。具体实验装置如图 2-3 所示。

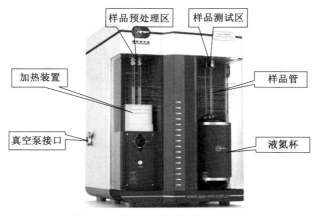

图 2-3　低温 N_2 吸附实验装置图

（2）低温 N_2 吸附实验步骤

首先称量空样品管质量，取其值为 M_1，然后将预先准备好的煤样装入样品管。打开仪器电源并打开氮气阀门，并将减压阀调为 0.1 MPa。将样品放入样品处理区，调节系统参数，使样品在 100 ℃条件下干燥 2 h，预处理开始后，系统会自动完成抽气、加热、冷却、充气等过程。待预处理完毕后，再次称量样品及样品管总质量，记为 M_2，以此得到样品质量为 $M_2 - M_1$。然后将样品管安装到测试管路，开始进行测试实验。测试开始前应首先将样品质量等相关参数输入操作系统，然后启动系统，开始测试煤样的比表面积、孔径分布等相关数据。

2.2.3 CO$_2$ 吸附实验测试方法

（1）CO$_2$ 吸附实验仪器

本章所使用的 CO$_2$ 吸附实验装置为 3H-2000PS2 型全自动比表面及孔径分析仪，测试地点为贝士德仪器科技（北京）有限公司。该实验装置具有 2 个样品预处理脱气站，2 个样品分析站；其测试精度高、重现性好，重复性误差小于 $\pm 1\%$；孔径测量范围为 0.35～500 nm。其实验装置如图 2-4 所示。

图 2-4　CO$_2$ 吸附实验装置图

（2）CO$_2$ 吸附实验步骤

CO$_2$ 吸附实验的实施步骤可参照 2.2.2 小节的"低温 N$_2$ 吸附实验步骤"，不同的是低温 N$_2$ 吸附实验的温度是在 -196.15 ℃条件下进行的，由于在极低的温度条件下 N$_2$ 分子热运动现象不明显，分子扩散能力较弱，因此在较短的实验时间内很难有效地测量煤样的微小孔隙。而 CO$_2$ 吸附实验可作为低温

N_2吸附实验的补充,这是由于CO_2吸附实验可以在 0 ℃条件下进行,较高的温度更有利于CO_2分子扩散到微小孔隙中,因此本章采用CO_2吸附实验作为低温N_2吸附实验的补充,来测量水侵前后煤样的微小孔隙。

2.3　水侵煤体矿物质成分与孔隙结构测试结果及分析

2.3.1　XRD 测试结果及分析

（1）煤样 XRD 测试图谱分析结果

图 2-5 为水侵前后煤样的 XRD 图谱,可以看出,水侵前 TY 煤样的主要矿物质成分为高岭石、石英、方解石和石膏;YZ 煤样的主要矿物质成分为高岭石、石英和方解石;QC 煤样的主要矿物质成分为高岭石、石英、方解石和伊

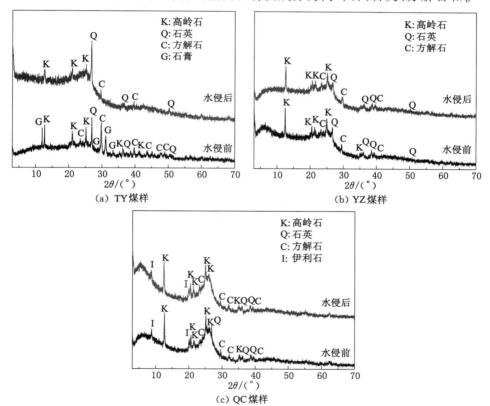

（a）TY煤样　　　　　　　　　　（b）YZ煤样

（c）QC煤样

图 2-5　水侵前后煤样的 XRD 图谱

利石。水侵后代表各个矿物质峰的数量明显降低,其中水侵后 TY 煤样中并没有检测到石膏,主要矿物质成分以高岭石、石英和方解石为主。代表高岭石的峰的数量由 5 个降低到 3 个,代表石英的峰的数量维持在 3 个不变,代表方解石的峰的数量由 6 个降低到 2 个,而代表石膏的峰的数量由 4 个降低到 0 个。水侵后 YZ 煤样主要矿物质成分仍然以高岭石、石英和方解石为主,但是代表高岭石的峰的数量由 5 个降低到 4 个,代表石英的峰的数量维持在 4 个不变,代表方解石的峰的数量维持在 3 个不变。水侵后 QC 煤样的主要矿物质成分不变,仍然以高岭石、石英、方解石和伊利石为主。代表高岭石的峰的数量维持在 6 个不变,代表石英的峰的数量由 3 个降低到 2 个,代表方解石的峰的数量维持在 4 个不变,代表伊利石的峰的数量维持在 2 个不变。此外,通过对比可以看出,水侵后各煤样的 XRD 图谱的矿物质峰强度都呈现出了一定的降低趋势。测试结果表明:水侵后,不同变质程度煤样的矿物质成分变化规律不同,但矿物质的含量和种类整体上呈现降低的趋势。煤中矿物质的减少必然会对煤的孔隙结构产生一定的影响。此外,三种煤样均含有一定量的黏土矿物质,而黏土矿物质遇水膨胀这一特性也会在一定程度上影响到煤体的孔容和比表面积。

(2)煤样全岩定量分析结果

为得到不同煤样水侵后矿物质的相对含量,将煤样送到江苏地质矿产设计研究院对煤样全岩组分进行定量分析,表 2-3 为煤样水侵前后的 XRD 定量分析结果。可以看出,定量分析结果与上文中煤样的检测结果稍有出入,这可能是由于煤样的处理方法不同和煤样的个体差异所造成的。由表 2-3 可知,TY 煤样和 YZ 煤样水侵前后的矿物质成分出现了明显的变化,而 QC 煤样由于黏土矿物质含量较多,没有办法进行精确定量。从测试结果可以看出,TY 煤样和 YZ 煤样都含有较多的石英、方解石和黏土矿物质。对于 TY 煤样,除了含有上述三种矿物质外还含有一定量的白玉石和钾长石以及少量的硬石膏。通过对比可以看出,水侵后,TY 煤样和 YZ 煤样的黏土矿物质和方解石相对含量都呈现出了不同程度的降低,而石英的相对含量出现了不同程度的升高。这可能是因为煤中的黏土矿物质和碳酸盐矿物质水稳性较差,因此水侵后煤中的黏土矿物质和方解石的相对含量降低的缘故。此外,对于 TY 煤样,在水侵前,煤样中可以检测到一定量的钾长石和白云石以及少量的硬石膏,但是这三种矿物质并没有在水侵后的煤样中检测出来。对于 QC 煤样,由于煤中含有大量的黏土矿物质,所以很难对煤样进行定量分析,但是可以肯定的是,QC 煤样以黏土矿物质为主要矿物质,此外还含有少量的石英和方解石等矿物质。

表 2-3　煤样水侵前后的 XRD 测试分析结果

样品水侵前后		矿物相对含量/%							
		石英	钾长石	斜长石	方解石	白云石	黄铁矿	硬石膏	黏土矿物
TY 煤样	水侵前	30.4	6.0	—	29.0	6.6	—	2.2	25.8
	水侵后	70.4	—	—	14.4	—	—	—	15.2
YZ 煤样	水侵前	40.3	—	22.1	—	—	—	—	37.6
	水侵后	50.4	—	18.8	—	—	—	—	30.8
QC 煤样	水侵前	此样含有大量黏土矿物质,少量石英、方解石及一些未能识别出的矿物质							
	水侵后	此样含有大量黏土矿物质,少量石英、方解石及一些未能识别出的矿物质							

2.3.2　低温 N₂ 吸附实验测试结果及分析

（1）低温 N_2 吸附脱附曲线

图 2-6 是三种煤样水侵前后的低温 N_2 吸附-脱附曲线,可以看出,三种煤样在水侵后的 N_2 吸附量要明显大于水侵前的吸附量,但是水侵前后煤样吸附-脱附曲线的形态是相似的。IUPAC 建议将多孔介质的物理吸附曲线分为 8 个类型[170],按照其分类,本小节中的 TY 煤样吸附曲线类似于 Ⅰ（a）型、Ⅱ 型和 Ⅳ（a）型的复合型吸附曲线,而 YZ 煤样和 QC 煤样的吸附曲线类似于 Ⅱ 型和 Ⅳ（a）型的复合型吸附曲线。首先,三种煤样的吸附-脱附曲线均不完全重合,都有一个明显的吸附滞后环,这是 Ⅳ（a）型吸附曲线的典型特征。而对于 TY 煤样,在相对压力较低时（$p/p_0 < 0.02$）,煤样的吸附曲线存在一个明显的急速上升阶段,这说明此时气体吸附以微孔填充为主,符合 Ⅰ（a）型吸附曲线的初始阶段的特征。而随着压力的上升,吸附曲线的上升趋势相对开始放缓,说明此时的气体吸附以单分子层吸附和多分子层吸附为主。然后,在极限压力阶段（$p/p_0 \approx 1$）,吸附曲线表现出一个急剧的增长趋势,这主要是因为气体在中孔及大孔中的多分子层吸附所引起的,根据 IUPAC 提出的理论,在无限接近极限压力 p_0 时,气体的多分子层吸附厚度几乎没有极限。这是典型的 Ⅱ 型吸附曲线特征。综上,根据 TY 煤样的吸附曲线可以判定,TY 煤样孔隙组成较为复杂,由微孔、中孔及大孔共同组成。对于 YZ 煤样和 QC 煤样,在相对压力较低的阶段（$p/p_0 < 0.02$）,两种煤样的吸附曲线相对其在高压阶段时的上升比较平缓,说明这两种煤样在低压阶段的吸附是由单分子层和多分子层吸附共同作用,而随着压力的升高,多分子层吸附逐渐占据主导地位,当达到极限压力附近时,则其类似于 TY 煤样的吸附曲线,这是典型的 Ⅱ 型吸附曲线特征。根据其吸附曲线特征,得出 YZ 煤样和 QC 煤样的孔隙主要由中孔和大孔组成。

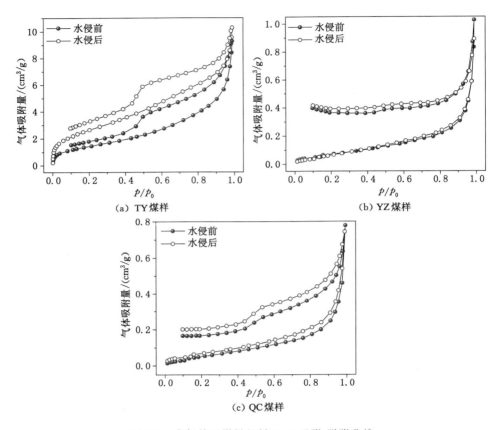

图 2-6　水侵前后煤样的低温 N_2 吸附-脱附曲线

　　此外,三种煤样的吸附曲线均存在明显的吸附滞后环,这与孔的毛细管凝聚现象有密切关系。在多孔介质中,孔的开放性越差,孔壁面越粗糙,孔的截面直径越不均一,吸附滞后现象越明显。因此,吸附滞后环在一定程度上可以反映出煤样的孔隙形状。IUPAC 将吸附滞后环的类型分为 6 类,本小节中,三种煤样的吸附滞后环均为 H3 型。相关学者认为[171],H3 型滞后环表明多孔介质中含有大量的狭缝形孔隙。此外,三种煤样的吸附-脱附曲线即使在较低的压力条件下都没有重合,主要原因可能有以下几方面:① 煤是一种天然的多孔介质,其孔隙结构十分复杂,煤中可能含有大量墨水瓶形孔隙,致使氮气分子难以全部解析出来;② 煤在吸附过程中产生了膨胀变形,致使煤的孔隙发生变化,导致吸附-脱附曲线不能完全重合。

　　综上所述,水侵后煤样的吸附量发生了较大的变化,但是吸附曲线形状基本一致,这表明水侵后煤样的孔隙体积、孔比表面积等参数发生了较大变化,但是孔隙形状等变化较小。

（2）低温 N₂ 吸附实验测试孔径分布

图 2-7 是水侵前后煤样的孔径分布图,根据图 2-7(a)可以看出,三种煤样的孔径主要集中在 1～10 nm 的范围内,而水侵对煤体孔径的影响也主要集

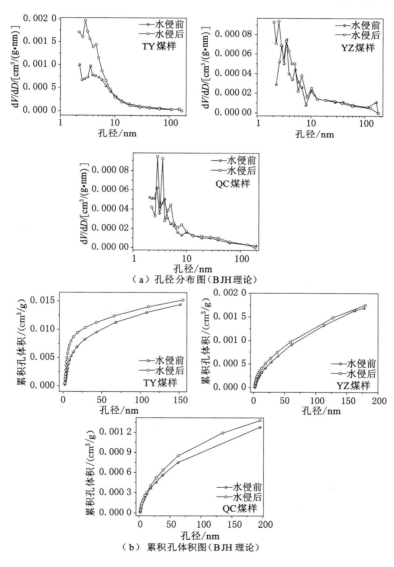

（a）孔径分布图(BJH理论)

（b）累积孔体积图(BJH理论)

图 2-7　水侵前后煤样的孔径分布图(低温 N₂ 吸附实验)

中在 1～10 nm 的范围内,随着孔径的继续增大,水侵对煤体孔径的影响逐渐减小。而且,水侵后煤样的累积孔体积都呈现出了不同程度的增大,这表明水侵可以对煤体产生增孔和扩孔的作用:一方面水侵会溶解煤中的可溶性矿物质,从而产生新的孔隙,即增孔作用;另一方面,水溶液对煤的溶胀作用会使得煤骨架整体发生膨胀变形,致使煤的孔容增加,即扩孔作用。这两点将在 2.4.2 小节进行重点阐述。

图 2-7(b)是水侵前后煤体累积孔体积图,从图中可以看出,在孔径较小时(0～10 nm),水侵前后煤体的累积孔体积呈现出急剧增长的趋势,这与前文所述一致,表明三种煤样的孔隙孔径主要集中在 10 nm 以下。水侵后,三种煤样的累积孔体积都有所增大。在所测孔隙范围内,其变化呈现出一直增长的趋势,并没有随着孔径的增加呈现平稳趋势,这主要是由于孔径较大的孔隙具有更大的孔体积,尽管其数量不及微小孔隙,但是其具有的孔隙容积在累积孔体积中的占比是不可忽视的。

综上所述,三种煤样经过水侵后,其孔体积都呈现出明显的增大,说明水侵对煤体的增孔和扩孔作用十分明显。

(3) 低温 N_2 吸附实验数据分析

表 2-4 为水侵前后煤样低温 N_2 吸附实验的数据汇总表,分别为利用 BET 理论计算得到的总比表面积、利用 BJH 理论计算得到的总孔隙体积和最可几孔径。由表 2-4 可以看出,水侵后,三种煤样的总比表面积和总孔隙体积均呈现出不同程度的增大。其中,总比表面积的变化率分别为 TY 煤样 85.23%、YZ 煤样 10.34% 和 QC 煤样 7.69%。而总孔隙体积的变化率为 TY 煤样 5.56%、YZ 煤样 3.55% 和 QC 煤样 7.81%。这均可以由前文所提到的扩孔、增孔现象所解释,即水侵后,煤体原有孔隙溶胀增大,且产生了一定数量的新生孔隙,从而导致煤体孔体积和比表面积均呈现一定程度的增加。尤其是 TY 煤样,其总比表面积的变化率远大于总孔隙体积的变化率,这可能是水侵所产生的新生孔隙主要以微小孔隙为主,从而导致煤体总比表面积急剧增加。

本小节的实验结果与 Y. L. Yang 等[46]的实验结果变化规律一致,这也验证了本小节实验结果的可靠性。

最可几孔径是指孔径分布峰值所对应的孔径,也就是出现概率最大的孔径,该指标可以反映出煤体中哪些尺寸的孔径数量最多。可以看出,三种煤样水侵前后的最可几孔径并没有呈现出一致的规律。水侵后,TY 煤样和 QC 煤样的最可几孔径呈现增大趋势,对应的变化率分别为 28.00% 和 2.14%,而 YZ 煤样水侵后,其最可几孔径呈减小趋势,其变化率为 -29.10%。分析认为,一般情况下,长时间的浸泡作用会使煤体发生整体溶胀,使得孔径变大,但是煤体的非均质性可能会使部分煤基质向内收缩,从而导致部分孔径变小。而且,煤体浸泡会致使煤体破裂和可溶性物质的溶解,从而产生一定量的新生孔隙,而不同的煤体其新增孔隙的孔径也必然不同。综上所述,煤样最可几孔径的变化是受浸泡时间、煤体矿物质种类及含量、煤体本身的强度及非均质性等多种因素共同影响的,且其变化具有一定的随机性,因此造成了三种煤样水侵前后最可几孔径变化不一致的情况。

表 2-4　水侵前后煤样低温 N_2 吸附实验数据汇总表

参数	TY 煤样			YZ 煤样			QC 煤样		
	水侵前	水侵后	变化率	水侵前	水侵后	变化率	水侵前	水侵后	变化率
$S_{BET}/(m^2/g)$	5.35	9.91	85.23%	0.29	0.32	10.34%	0.26	0.28	7.69%
$V_{BJH}/(cm^3/g)$	0.014 4	0.015 2	5.56%	0.001 69	0.001 75	3.55%	0.001 28	0.001 38	7.81%
d_m/nm	2.25	2.88	28.00%	3.54	2.51	−29.10%	2.81	2.87	2.14%

注:S_{BET} 为利用 BET 理论计算的总比表面积;V_{BJH} 为利用 BJH 理论计算的总孔隙体积;d_m 为最可几孔径;变化率为(水侵后值−水侵前值)/水侵前值×100%。

2.3.3　CO_2 吸附实验结果及分析

(1) CO_2 吸附实验孔径分布

图 2-8 为采用 DFT(density functional theory)理论计算得到的三种煤样水侵前后的微孔孔径分布和累积微孔体积,该理论可较好地描述煤样中的微孔孔径分布[92,172]。图 2-8(a)为三种煤样水侵前后的微孔孔径分布图。从图中可以看出,TY 煤样的微孔孔径主要集中在 0.3~1.0 nm,YZ 煤样的微孔孔径主要集中在 0.5~1.0 nm,QC 煤样的微孔孔径主要集中在 0.5~0.9 nm。经水侵后,煤样的微孔体积均有一定程度的增加,其中 TY 煤样和 QC 煤样的变化比较明显,而 YZ 煤样的变化则相对较小。分析认为,这与煤中的矿物质稳定程度及煤样变质程度都有一定的关系。

图 2-8(b)为三种煤样水侵前后的累积微孔体积图。从图中可以看出:在孔径小于 0.5 nm 时,三种煤样的累积微孔体积变化趋势较为平缓;在孔径 0.5~0.9 nm 范围内,三种煤样的累积微孔体积都呈迅速增加的趋势;在孔径大于 0.9 nm 时,煤样的累积微孔体积增加趋势逐渐平稳。水侵后,三种煤样的累积微孔体积均有一定程度的增加,且 TY 煤样和 QC 煤样水侵前后的差异主要体现在 0.9 nm 之前,而 YZ 煤样的差异主要体现在 0.9 nm 之后,这可能与煤样的矿物质类型和变质程度有关。

综上所述,三种煤样经过水侵后,其微孔体积都呈现不同程度的增加,说明水侵对煤体的微孔孔隙同样具有增孔和扩孔的作用,而且水侵对煤样微孔的影响程度更大。

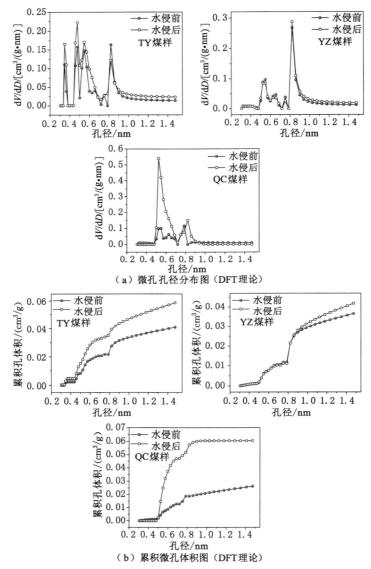

（a）微孔孔径分布图（DFT理论）

（b）累积微孔体积图（DFT理论）

图 2-8　水侵前后煤样的微孔孔径分布和累积微孔体积（CO_2 吸附实验）

（2）CO_2 吸附实验数据分析

表 2-5 为水侵前后三种煤样 CO_2 吸附实验的数据汇总表,分别为利用

DFT 理论测得的煤样微孔体积、微孔比表面积和微孔最可几孔径。由表 2-5 可以看出,三种煤样的微孔体积和比表面积都有不同程度的增大。其中,微孔比表面积的变化率分别是 TY 煤样 47.89%、YZ 煤样 9.76% 和 QC 煤样 163.80%。而微孔体积的变化率分别是 TY 煤样 43.90%、YZ 煤样 16.67% 和 QC 煤样 130.77%。对比低温 N_2 吸附实验结果可知,通过 CO_2 吸附实验测得的微孔体积变化率要大于低温 N_2 吸附实验所测得的微孔体积变化率,变化范围由几倍到十几倍之间不等,这说明水侵对煤体微小孔隙的改变更为明显。其中,QC 煤样的增长幅度最大,这可能与 QC 煤样中含有更多的黏土矿物质有关,本章将在 2.4.2 小节具体阐述黏土矿物质对煤体孔隙结构的影响。

表 2-5　水侵前后煤样 CO_2 吸附实验数据汇总表

参数	TY 煤样			YZ 煤样			QC 煤样		
	水侵前	水侵后	变化率	水侵前	水侵后	变化率	水侵前	水侵后	变化率
$S_{DFT}/(m^2/g)$	123.83	183.13	47.89%	95.11	104.39	9.76%	75.56	199.33	163.80%
$V_{DFT}/(cm^3/g)$	0.041	0.059	43.90%	0.036	0.042	16.67%	0.026	0.060	130.77%
d_{mm}/nm	0.822	0.479	−41.73%	0.822	0.822	0.00%	0.785	0.524	−33.25%

注:S_{DFT} 为利用 DFT 理论计算的微孔比表面积;V_{DFT} 为利用 DFT 理论计算的微孔体积;d_{mm} 为微孔最可几孔径;变化率为(水侵后值−水侵前值)/水侵前值×100%。

水侵后 YZ 煤样的最可几孔径维持不变,而 TY 煤样和 QC 煤样的最可几孔径均出现不同程度的减小,TY 煤样由 0.822 nm 降低到 0.479 nm,QC 煤样由 0.785 nm 降低到 0.524 nm。最可几孔径的下降,说明了水侵对煤体主要起到增孔作用,即水侵后由于溶胀和矿物质的溶解,煤体产生新的孔隙,而这些新生孔隙主要为微孔。

2.3.4　全尺寸孔径变化分析

为了对比水侵作用对煤体不同尺寸孔径的影响规律,本章依据 IUPAC 所建议的孔径分类,将煤中的孔隙分为三类:微孔、中孔和大孔(详见图 2-1)。图 2-9 为水侵前后煤样中不同类型孔径的孔体积变化规律。图中,微孔采用 CO_2 吸附实验的结果,中孔和大孔采用低温 N_2 吸附实验的结果。由图 2-9 可以看出,各煤样微孔体积和中孔体积均呈现出不同程度的增大趋势。微孔体积变化率范围为 16.67%～130.77%,其中变化率最小的煤样是 YZ 煤样,而变化率最大的煤样是 QC 煤样。中孔体积的变化率范围为 11.56%～18.21%,变化率最小的煤样是 YZ 煤样,变化率最大的煤样是 TY 煤样。然而,大孔体积的变化规律呈现出了不同的趋势,TY 煤样和 YZ 煤样的大孔体

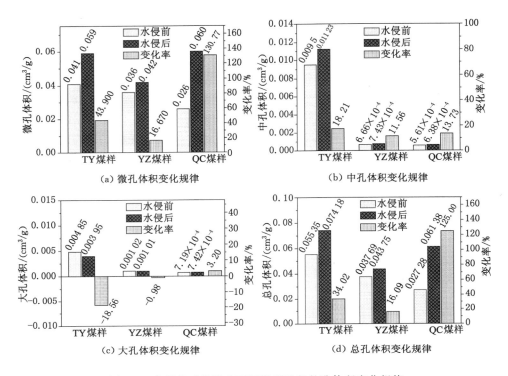

图 2-9　水侵前后煤样中不同类型孔径的孔体积变化规律

积经过水侵后分别减小了 18.56％和 0.98％,而 QC 煤样的大孔体积增大了 3.20％。分析认为,煤中大孔隙的变化可能与矿物质和煤的变质程度有关,但同时也可能与本章的测试方法有一定关联。因为本章的测试方法为低温 N_2 吸附实验和 CO_2 吸附实验,所能测试的最大孔径范围为 0~400 nm,然而煤体中的较大孔隙可以达到微米甚至厘米级别,因此,所测试的大孔隙并不能反映煤中的全部大孔隙。此外,三种煤样的总孔体积都呈现出不同程度的增大,变化率范围为 16.09％~125.00％,其中变化率最小的煤样是 YZ 煤样,而变化率最大的煤样是 QC 煤样。通过对比可知,微孔体积的变化要大于中孔体积和大孔体积的变化,这说明水侵对微孔的影响更加明显,而总孔体积的变化主要由微孔体积的变化所决定。

综上所述,水侵对煤样中不同类型孔隙的影响规律不一致,对微孔造成的影响最大,而对大孔和中孔的影响稍小。

2.4 水侵对煤体孔隙结构的影响机制

2.4.1 水侵前后煤体分形维数变化规律

分形维数可以在一定程度上反映出煤体孔隙结构的复杂程度及孔隙表面的粗糙程度[173-181]。近年来,众多学者推广了各种煤中分形维数的计算方法,而 FHH(Frenkel-Halsy-Hill)模型可以结合低温 N_2 吸附实验数据计算煤体孔隙结构的分形维数。为定量地描述水侵对煤体孔隙结构及孔隙表面粗糙程度的影响,本节将利用 FHH 模型[182-183],结合低温 N_2 吸附实验结果计算三种煤样水侵前后的分形维数:

$$\ln \frac{V}{V_0} = A \cdot \ln\left[\ln\left(\frac{p_0}{p}\right)\right] + B \tag{2-1}$$

式中,V 为平衡压力 p 下的气体吸附量,cm^3/g;V_0 为饱和气体压力 p_0 下的气体吸附量,cm^3/g;A 为拟合直线的斜率,与分形维数 D 呈线性关系,一般在计算分形维数时采用两种公式($D=A+3$ 和 $D=3A+3$)进行计算,并选用合适的值作为其分形维数;B 为常数。

图 2-10 为利用 FHH 模型对低温 N_2 吸附实验数据进行数据拟合得出的结果,因为低温 N_2 吸附实验在低压阶段(相对压力<0.5)和高压阶段(相对压力>0.5)的吸附机理不同,所以其吸附数据会呈现明显的分段特征,本节利用 FHH 模型分别对这两个阶段的实验数据进行拟合,从而计算低压阶段和高压阶段的分形维数,分别记为 D_1 和 D_2。在具体计算时,为了保证结果的准确性,本节同时用上述两种方法($D=A+3$ 和 $D=3A+3$)计算各煤样的分形维数,计算结果汇总在表 2-6 中。根据经典的分形理论,分形维数的值一般在 2.0~3.0,当分形维数超出该范围的值时则认为没有物理意义。由计算结果可知,当采用 $D=A+3$ 计算时,所有分形维数的计算结果都在 2.0~3.0。而在利用 $D=3A+3$ 计算时,会存在部分煤样的分形维数不在正确取值范围内的情况。因此,本节在分析时采用前者所得到的结果。

由表 2-6 可以看出,煤样在水侵后,低压阶段的分形维数(D_1)均呈现不同程度的下降趋势,而高压阶段的分形维数(D_2)则呈现出不同程度的上升趋势[184-186]。分析认为,在低压阶段和高压阶段中,煤对气体分子的吸附机理不同。在低压阶段,煤孔隙吸附气体分子的作用力主要依靠范德瓦耳斯力,其吸附能力的大小与煤孔隙的表面粗糙程度有很大关系,因此,低压阶段的分形维数可以反映出煤孔隙的表面粗糙程度。水侵后三种煤样的 D_1 值均下降,则表明水侵致使煤孔隙的表面粗糙程度下降,这主要是经过长时间高压水的浸泡,

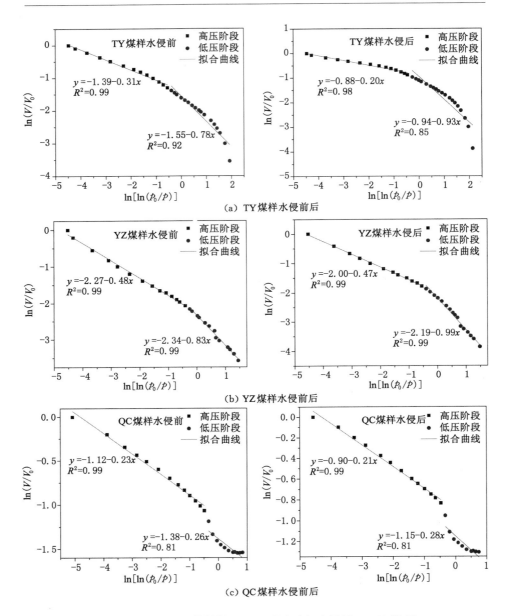

（a）TY煤样水侵前后

（b）YZ煤样水侵前后

（c）QC煤样水侵前后

图 2-10　水侵前后煤样低温 N_2 吸附实验拟合结果（FHH 模型）

煤中的可溶性固体和可溶性矿物质会在水中溶解，致使煤孔隙表面变得更加光滑。此外，在高压水向煤孔隙侵入的过程中，煤孔隙表面被高压水打磨，从而降低煤孔隙的表面粗糙程度。因此，三种煤样经水侵后，其低压阶段的分形维数均呈现不同程度的降低。而在高压阶段,煤孔隙对气体分子的吸附主要依靠多分子层吸附,气体在高压阶段的吸附量取决于煤体的孔隙体积,孔隙体积越大,所能容纳的气体吸附量就越大。因此,分形维数 D_2 主要反映的是煤孔隙体积的大小。经过长时间浸泡后,高压水的溶胀作用致使煤体积整体增大,而且会在煤体表面产生新的孔隙和裂隙,致使煤体孔体积增大,而煤中矿物质及其他可溶性固体的溶出也是致使煤体孔体积增大的重要原因,即前文所描述的增孔和扩孔作用。因此,水侵后三种煤样的分形维数 D_2 呈现不同程度的增大。

综上所述,煤样经过长时间高压水处理后,可以使煤孔隙的表面粗糙程度下降,具体表现在分形维数 D_1 的减小。但是其增孔和扩孔作用会使煤体孔隙结构更加复杂,孔体积增大,具体表现在分形维数 D_2 的增大。

表 2-6　FHH 模型分形维数计算结果

样品		低压阶段			高压阶段		
		A_1	$D_1 = A_1 + 3$	$D_1 = 3A_1 + 3$	A_2	$D_2 = A_2 + 3$	$D_2 = 3A_2 + 3$
TY 煤样	水侵前	-0.78	2.22	0.66	-0.31	2.69	2.07
	水侵后	-0.93	2.07	0.21	-0.20	2.80	2.40
YZ 煤样	水侵前	-0.83	2.17	0.51	-0.48	2.52	1.56
	水侵后	-0.99	2.01	0.03	-0.47	2.53	1.59
QC 煤样	水侵前	-0.26	2.74	2.22	-0.23	2.77	2.31
	水侵后	-0.28	2.72	2.16	-0.21	2.79	2.37

2.4.2　水侵对煤体孔隙结构的影响

水侵对煤体孔隙结构产生了十分重要的影响,如图 2-11 所示。笔者认为煤体孔隙结构的变化主要由矿物质溶解崩塌和煤体本身溶胀所导致,本小节将从这两个角度深入分析水侵煤体孔隙结构的影响机制。

研究表明[164],煤系软岩普遍表现出水稳性差的特性,而这主要取决于煤中矿物质的种类及含量。一般情况下,含有大量黏土矿物质的岩石的水稳性最差,且黏土矿物质中水稳性最差的为蒙脱石,其他依次为伊/蒙混层、高岭石、伊利石等。微观层面上,水会先破坏这些矿物颗粒间的联结,然后进入层状颗粒之间,在岩石内部产生不均匀内应力以及大量的微孔隙。在新生微孔隙和水的共同影响下,岩石的内部结构体系进一步被破坏,在宏观层面上表现为软化崩解。因此,在水侵后,黏土矿物质对煤中的孔隙有较大的影响,且主要表现在三个方面:① 从宏观角度,黏土矿物质遇水易膨胀崩解,所产生的不

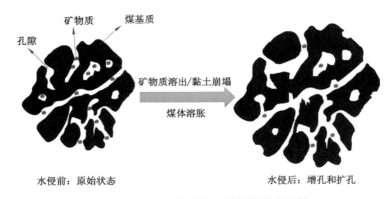

矿物质 煤基质

孔隙

矿物质溶出/黏土崩塌

煤体溶胀

水侵前：原始状态   水侵后：增孔和扩孔

图 2-11 水侵对煤体孔隙结构的影响机制

均匀应力会破坏煤体，一方面使煤体产生大量的新生孔隙或裂隙，即增孔作用；另一方面，如果这些黏土矿物质本身位于煤体的孔隙或裂隙中，其膨胀应力会作用在这些孔隙或裂隙上，从而使得这些孔隙或裂隙向外膨胀，即扩孔作用。② 从微观角度，水分会破坏黏土矿物质颗粒间的联结，从而使黏土矿物质本身产生一定量的孔隙或裂隙。③ 经水分作用后，黏土矿物质水稳性变差，致使其容易从煤体中脱落，从而产生新生孔隙，作用②和③同为增孔作用。此外，实验测试结果表明，经水侵作用后，除黏土矿物质外，煤中的碳酸岩也比较容易从煤中脱落，因此这类比较容易脱落的矿物质也会对煤体产生增孔效应。

从本章的实验结果来看，QC 煤样中的黏土矿物质相对含量最高，所以其水稳性最差，孔隙变化也最大。尽管 TY 原始煤样中黏土矿物质含量低于 YZ 煤样，但是水侵后 TY 煤样的减少量却高于 YZ 煤样，因此 TY 煤样的孔隙变化次之，这可能是因为 TY 煤样中的黏土矿物质类型更偏向于水稳性差的黏土。此外，水侵后 TY 煤样中还缺少了大量的白云石、方解石、钾长石和一定量的硬石膏，说明 TY 煤样中的矿物质更容易脱落，这也是造成 TY 煤样孔隙变化较大的原因之一。从煤样的最可几孔径来看，煤体的新生孔隙多为微小孔隙，从而造成煤体最可几孔径减小，这也从侧面反映出，水侵后矿物质对黏土的增孔作用要强于扩孔作用。

除了矿物质的影响之外，煤体本身的溶胀作用是影响煤体孔隙的另一重要因素。水分子是极性分子，与煤的相互作用除范德瓦耳斯力外主要是氢键的弱化学键作用。相关学者认为，煤的溶胀过程是溶剂断裂煤分子结构中原有的氢键作用，脱除氢键的束缚，从而降低煤中大分子之间的交联密度，引起煤中大分子结构在空间内的充分伸展松弛[187]。但是在去除水分后，煤体积会有一定程度的收缩,并不能完全恢复到原始状态。在本书中,煤样在长期的高压润湿状态下,水分子会进入煤中的微小孔隙内,使煤体溶胀,从而使煤体孔隙体积增大。

2.5　本章小结

本章在实验室中模拟了高压水对煤体孔隙结构的影响,并利用 XRD 实验定性和定量分析了水侵前后煤体中矿物质的变化规律。然后利用低温 N_2 吸附实验和 CO_2 吸附实验测试了水侵前后煤体孔隙结构的变化规律。通过 FHH 模型计算了水侵前后煤体的分形维数。最终,结合上述实验成果揭示了水侵对煤体孔隙结构的影响机制。主要得出以下结论:

(1) 利用 XRD 实验定性和定量分析了水侵前后煤体中矿物质的变化规律,结果表明:各煤样中的矿物质成分有所差别,TY 煤样以石英、钾长石、方解石、白云石和黏土矿物质为主,此外还含有少量的硬石膏;YZ 煤样以石英、方解石和黏土矿物质为主;QC 煤样以黏土矿物质为主,还含有少量的石英和方解石。水侵后,TY 煤样和 YZ 煤样中方解石和黏土矿物质的相对含量都有一定程度的降低,石英的相对含量却呈现一定程度的增加。此外,在水侵后的 TY 煤样中均未检测出钾长石、白云石和硬石膏。QC 煤样由于黏土矿物质含量太高,无法进行准确的定量分析。

(2) 利用低温 N_2 吸附实验测试了水侵前后煤体孔隙的变化规律,结果表明:水侵后煤样的吸附量增加,但是吸附曲线形状基本一致,这表明水侵后煤样的孔隙体积、孔比表面积等参数发生了较大变化,但是孔隙形状变化较小。孔径分布结果表明:水侵对煤体孔隙的影响主要集中在 $1\sim10$ nm 的范围内,随着孔径的继续增大,水侵的影响逐渐降低。三种煤样经过水侵后其孔体积和比表面积都呈明显的增大趋势,说明水侵对煤体的增孔和扩孔作用十分明显。

(3) 利用 CO_2 吸附实验测试水侵前后煤体微孔孔隙的变化规律,结果表明:三种煤样经过水侵后,其微孔体积和比表面积都呈现不同程度的增大,说明水侵对煤体的微孔孔隙同样具有增孔和扩孔的作用,而且通过与低温 N_2 吸附实验结果对比可知,水侵对煤样微孔的影响更为强烈。

(4) 利用 FHH 模型计算了水侵前后各煤样的分形维数,结果表明:煤样经过长时间高压水处理后,分形维数 D_1 降低,说明水侵可以使煤孔隙的表面粗糙程度下降。但是分形维数 D_2 却增加,说明水侵的增孔和扩孔作用产生了更多新生孔隙,促使煤体孔体积增大。

（5）从黏土矿物质崩塌、矿物质溶解和煤体溶胀等方面分析了水侵对煤体孔隙结构的影响机制：① 黏土矿物质遇水易膨胀崩解，所产生的不均匀应力会破坏煤体，使煤体产生大量的新生孔隙或裂隙，即增孔作用。此外，如果这些黏土矿物质本身位于煤体的孔隙或裂隙中，其膨胀应力会作用在这些孔隙或裂隙上，从而使得这些孔隙或裂隙向外膨胀，即扩孔作用。② 水分会破坏黏土矿物质颗粒间的联结，从而使黏土矿物质本身产生一定量的孔隙或裂隙。③ 经水分作用后，黏土等水稳性较差的矿物质容易从煤体中脱落，从而产生新生孔隙，作用②和③同为增孔作用。④ 水分子会降低煤中大分子之间的交联密度，引起煤中大分子结构在空间内的充分伸展松弛，造成煤体溶胀，致使煤体产生增孔和扩孔效应。

3 瓦斯在水溶液中的溶解规律

地层水通过穿层钻孔侵入煤体后,由钻孔至煤层远端分别为饱和水煤体区域、不饱和水煤体区域和原始煤体区域。在饱和水煤体区域,煤层中的瓦斯会在压力的作用下溶解在孔隙水中,然后逐渐由高浓度处向低浓度处扩散。因此,掌握瓦斯在水溶液中的溶解规律是深入研究水侵煤体瓦斯运移机制的前提。而且,为了解决水侵煤层瓦斯压力测定的难题,本书提出了基于瓦斯溶解量的煤层瓦斯压力测定方法,本章主要研究瓦斯气体在水溶液中的溶解规律,为掌握水侵煤体瓦斯运移机制及研发新型的瓦斯压力测定装备提供理论基础。

3.1 瓦斯在水溶液中的溶解度计算模型

近年来,针对气体在水溶液中的溶解度模型研究有了很大的进展。但是,这些模型多是针对单一溶质成分推导出来的。地层水成分复杂,同时瓦斯在水溶液中的溶解度还受到温度和压力等因素的影响,因此相关学者[64]通过状态方程和特定粒子相互作用理论建立了瓦斯气体在复杂水溶液中的溶解度方程,具体如下:

$$
\begin{aligned}
\ln m_{CH_4} = {} & \ln(y_{CH_4} \varphi_{CH_4} p) - \frac{\mu_{CH_4}^{l(0)}}{RT} - 2\lambda_{CH_4-Na^+}(m_{Na^+} + m_{K^+} + 2m_{Ca^{2+}} + 2m_{Mg^{2+}}) \\
& - \zeta_{CH_4-Na^+-Cl^-}(m_{Na^+} + m_{K^+} + 2m_{Ca^{2+}} + 2m_{Mg^{2+}}) \times (m_{Cl^-} + 2m_{SO_4^{2-}}) \\
& - 4\lambda_{CH_4-SO_4^{2-}} m_{SO_4^{2-}}
\end{aligned}
\tag{3-1}
$$

式中,m_{CH_4}、m_{Na^+}、m_{K^+}、$m_{Ca^{2+}}$、$m_{Mg^{2+}}$、m_{Cl^-} 和 $m_{SO_4^{2-}}$ 分别为水溶液中 CH_4、Na^+、K^+、Ca^{2+}、Mg^{2+}、Cl^- 和 SO_4^{2-} 的质量摩尔浓度,mol/kg;y_{CH_4} 为瓦斯气体的活度系数;φ_{CH_4} 为瓦斯气体的逸度系数;p 为实验平衡压力,MPa;$\mu_{CH_4}^{l(0)}$ 为瓦斯气体在水溶液中的标准化学位;R 为普适气体常数,$8.314 J/(mol \cdot K)$;

T 为实验温度，K；$\lambda_{CH_4-Na^+}$ 为 CH_4 和 Na^+ 的相互作用参数；$\zeta_{CH_4-Na^+-Cl^-}$ 为 CH_4、Na^+ 和 Cl^- 之间的相互作用参数；$\lambda_{CH_4-SO_4^{2-}}$ 为 CH_4 和 SO_4^{2-} 的相互作用参数。

式(3-1)为复杂水溶液中的瓦斯气体溶解度方程，文献[64]已对各参数取值方法及详细推导过程进行了说明。

3.2 瓦斯在水溶液中的溶解度测定方法

3.2.1 实验样品

（1）矿井水取样

为了研究矿井水的基本成分及瓦斯在矿井水中的溶解规律，本书选取安徽省宿州市桃园煤矿和安徽省涡阳县信湖煤矿为实验地点，采取矿井水样。其中，桃园煤矿的具体取样地点为Ⅱ4采区运输上山的10煤层瓦斯压力测试钻孔；信湖煤矿的具体取样地点为81采区－952 m水平回风石门5煤层瓦斯压力测试钻孔。这两处取样位置均为水侵后的测压钻孔，具体取样方法是通过自制的取样器与测压管路连接，然后打开测压管路阀门，使得测压钻孔中的地层水在压力的作用下涌入取样器，待水量达到预定值时将取样器取下，并将其密封带回实验室进行后续实验。

（2）实验室水溶液制备

矿井水中的矿物质是影响瓦斯溶解度的重要因素，为了研究不同矿物质对瓦斯溶解度的影响规律，本章依据矿井水质分析结果（参见3.3.2小节相关内容），配置了2种不同溶质的水溶液（NaCl溶液和CaCl_2溶液），从而研究不同矿物质及其浓度对瓦斯溶解度的影响规律。配置方法如下：首先用精密电子天平称取适量的药品（具体质量根据溶液预设浓度而定），将药品放入烧杯内并加入少量的蒸馏水使其溶解，然后利用量筒将该溶液配制成预设的浓度。将配置好的溶液倒入烧杯内摇匀并用于后续实验。改变浓度配比和药品类型，得到不同浓度和溶质类型的溶液。

3.2.2 实验装置及方法

（1）矿井水质分析

为了得到矿井水样中的主要成分，本书将收集到的矿井水样送往江苏地质矿产设计研究院进行水质分析，依据《煤矿水中钾离子和钠离子的测定方法》（MT/T 252—2000）、《煤矿水中钙离子和镁离子的测定》（MT/T 202—2008）、《煤矿水中铁离子的测定方法》（MT/T 368—2005）、《煤矿水中铵离子的测定方法》（MT/T 254—2000）、《煤矿水中硫酸根离子的测定》（MT/T 205—2011）、《煤矿水中亚硝酸根离子的测定方法》(MT/T 251—2000)、《煤矿水中硝酸根离子的测定方法》(MT/T 253—2000)、《煤矿水中氯离子的测定》(MT/T 201—2008)和《煤矿水化学耗氧量的测定 高锰酸钾法》(MT/T 369—2008)等相关测试标准分别测试矿井水中的钾离子(K^+)、钠离子(Na^+)、钙离子(Ca^{2+})、镁离子(Mg^{2+})、铁离子(Fe^{3+}、Fe^{2+})、铵离子(NH_4^+)、硫酸根离子(SO_4^{2-})、亚硝酸根离子(NO_2^-)、硝酸根离子(NO_3^-)、氯离子(Cl^-)等浓度和化学耗氧量等。

（2）瓦斯溶解度测试实验

图 3-1 为瓦斯溶解度测试实验系统示意图，该系统主要由供气系统、搅拌装置、控制器、量气装置、注水系统、溶解腔体、恒温浴槽等 7 个部分组成。通过该系统，可进行不同压力、温度及溶液类型条件下的瓦斯溶解度测试实验。

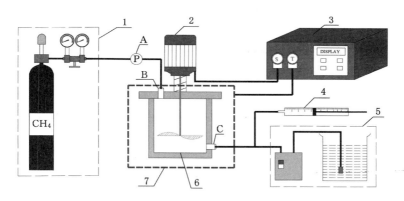

1—供气系统；2—搅拌装置；3—控制器；4—量气装置；
5—注水系统；6—溶解腔体；7—恒温浴槽；
A—压力传感器；B—溶解腔体上接口；C—溶解腔体下接口。

图 3-1 瓦斯溶解度测试实验系统示意图

本书所使用的 CH_4 气体供应商为徐州市特种气体厂，纯度为 99.99%；搅拌装置、控制器、溶解腔体和恒温浴槽为威海朝阳化工机械有限公司生产的 GSH-0.2 型反应釜，其内部空间为 300 mL（连带管路体积），设计压力为 25 MPa，最高工作压力为 20 MPa，设计温度为 150 ℃，最高工作温度为 100 ℃，电机功率为 80 W，搅拌器转速为 0～400 r/min；注水系统和量气装置均为自制仪器设备，其中量气装置为活塞式体积测量仪，总体积为 50 mL。

具体实验步骤如下：

① 气密性检测：在每次实验开始前，应首先对溶解腔体进行气密性检测。

向溶解腔体内注入高压气体(10 MPa),关闭溶解腔体的上下两处阀门,然后打开恒温浴槽开关,调节恒温浴槽的温度,使其保持在 30 ℃,观测压力表数值,如果在 24 h 内无变化则认为气密性良好。

② 注入溶液:将注水系统与溶解腔体的下接口连接,并同时打开上下连接口处的阀门,将配置好的溶液注入溶解腔体内,直到上连接口有成股的溶液流出。此时,按顺序关闭上下接口处的阀门,然后断开注水系统与溶解腔体的连接。通过此方法注入溶液可以保证溶解腔体内的空气被水完全排出。

③ 注入甲烷:将溶解腔体的上接口与注气系统连接,调节减压阀至0.2 MPa,然后打开溶解腔体上接口处的阀门,使甲烷压入溶解腔体内。然后,缓慢打开溶解腔体下接口处的阀门,此时溶解腔体内的液体在气体压力的作用下被挤出,使用量筒收集被挤出的液体,直到被挤出的液体体积达到120 mL时迅速关闭溶解腔体下接口处的阀门。

④ 调节压力:调节减压阀使得瓦斯压力达到预设平衡压力的4/3,然后关闭溶解腔体上接口处的阀门,并断开其与供气系统的连接。

⑤ 溶解平衡:打开恒温浴槽开关,并调节温度至预设温度。然后打开搅拌装置开关,并将搅拌转速调节至 200 r/min,促使甲烷加速溶解。在甲烷溶解过程中,为了使最终平衡压力处在预设压力值附近,应每隔 2 h 观察一次压力表数值,并通过控制溶解腔体上接口进行充放气,从而使得最终平衡压力尽量位于预设值附近。搅拌 8 h 后,关闭搅拌装置,静置 2 h,使因为搅拌而附着于壁面和溶液内部的气泡逐渐浮出水面,从而减少量气时的误差。

⑥ 量气:将量气装置与溶解腔体下接口连接,并打开下接口处的阀门。溶解腔体内的液体会在压力的作用下被挤入量气装置,等到液体达到 20 mL左右时迅速关闭下接口处的阀门。然后将量气装置的推杆向外拉动,并用螺丝固定,使得量气装置内的液体处于负压状态,保持该状态 15 min。

⑦ 读数:在负压的作用下,溶解在溶液内的甲烷会迅速解析出来。松开固定推杆的螺丝,使推杆自然收回。然后将量气装置竖直放置,由于重力的作用,液体将在测量仪底部,而气体会在测量仪上部。分别读出液体和气体的体积,并记录此时的室内温度和大气压力。

⑧ 数据处理:实验完毕后通过下式得到甲烷在该条件下的溶解度。

$$c_s = \frac{n}{1\,000\,000 V_l} = \frac{V_g p_a}{R(273 + T_r) V_l} \tag{3-2}$$

式中,c_s 为实测的甲烷在水溶液中的溶解度,mol/m^3;n 为量气装置内溶液所解析出的甲烷的物质的量,mol;V_1 为量气装置内的液体体积,mL;V_g 为量气装置内的气体体积,mL;p_a 为大气压力,Pa;T_r 为室内温度,℃。

改变溶液、温度和平衡压力,重复上述实验步骤。

为了分析不同平衡压力、温度、矿物质及矿井水对瓦斯溶解度的影响,本章设计了不同的实验方案,具体见表 3-1。

表 3-1　瓦斯在不同溶液中的溶解度实验方案

溶液类型	溶质浓度/(mol/L)	预设平衡压力/MPa	温度/℃	考察因素
蒸馏水	—	0.5～4	30	压力
蒸馏水	—	2	25～45	温度
NaCl 溶液	0～2	2	30	矿物质
CaCl₂ 溶液	0～2	2	30	矿物质
信湖煤矿矿井水	—	0.5～4	30	矿井水
桃园煤矿矿井水	—	0.5～4	30	矿井水

3.3　瓦斯在水溶液中的溶解度实验结果及分析

3.3.1　实验结果可靠性分析

为了验证瓦斯溶解度测试结果的可靠性,本小节将实验测试所得到的瓦斯溶解度与文献[64]所提出的气体溶解度理论模型[式(3-1)]进行对比分析。对比结果如表 3-2 所列,可以看出所测得的溶解度与理论溶解度的相对偏差范围为 0.4％～9.7％,均不超过 10％,表明本章所使用的测试方法相对较为准确,结果可信度较高。

表 3-2　瓦斯在不同溶液中的溶解度测试结果

实验条件								溶解度/(mol/m³)		相对偏差/%
溶液类型	浓度/(mol/L)	平衡压力/MPa	实验温度/℃	气体体积/mL	液体体积/mL	室内温度/℃	大气压力/kPa	实验值	理论值	
蒸馏水	—	0.49	30	3.1	21.0	30.0	100.4	5.88	6.32	7.0
蒸馏水	—	0.99	30	6.0	21.0	30.0	100.6	11.41	12.63	9.7
蒸馏水	—	2.05	30	9.5	16.5	28.5	100.5	23.08	25.36	9.0

表 3-2（续）

| 实验条件 | | | | | | | | 溶解度/(mol/m³) | | 相对偏差/% |
溶液类型	浓度/(mol/L)	平衡压力/MPa	实验温度/℃	气体体积/mL	液体体积/mL	室内温度/℃	大气压力/kPa	实验值	理论值	
蒸馏水	—	3.01	30	12.0	13.0	29.0	100.3	36.87	36.17	1.9
蒸馏水	—	4.05	30	14.4	11.6	31.8	100.2	49.08	47.14	4.1
蒸馏水	—	2.00	25	10.0	16.0	28.0	100.5	25.10	26.81	6.4
蒸馏水	—	1.99	35	9.5	17.6	28.0	101.5	21.89	22.98	4.7
蒸馏水	—	1.99	40	9.0	17.0	29.0	101.1	21.32	21.57	1.2
蒸馏水	—	2.00	45	8.5	17.0	29.0	101.5	20.21	20.50	1.4
NaCl	0.5	2.02	30	9.0	17.0	29.0	100.3	21.15	21.88	3.3
NaCl	1.0	2.02	30	8.4	17.1	28.0	100.4	19.71	19.17	2.8
NaCl	1.5	2.02	30	7.3	19.1	27.5	101.1	15.47	16.82	8.0
NaCl	2.0	2.02	30	6.5	19.0	27.0	101.3	13.89	14.78	6.0
CaCl₂	0.5	2.02	30	9.3	18.2	26.2	101.0	20.75	19.17	8.2
CaCl₂	1.0	2.05	30	7.1	19.0	25.0	101.2	15.05	14.99	0.4
CaCl₂	1.5	2.03	30	6.0	21.0	23.0	101.7	11.81	11.52	2.5
CaCl₂	2.0	2.03	30	5.0	21.0	24.0	101.5	9.79	8.99	8.9

3.3.2　矿井水样的主要物质成分

　　表 3-3 为两种矿井水样中主要物质成分的测试结果。从表中可以看出，不同矿井水样中的阴阳离子种类与含量存在着一定的差异。在阳离子方面，两种矿井水中的 K^+、Na^+ 都占据着主导地位，并且两者之和占总阳离子总量的 98% 以上。此外，两种矿井水样都含有一定量的 Ca^{2+}、Mg^{2+} 和 NH_4^+，但是含量较少，绝大多数占比不到 1%，只有桃园矿井水样中的 Mg^{2+} 占比达到了 1.076%。此外，信湖矿井水样中还检测到了少量的 Fe^{3+} 和 Fe^{2+}，其含量分别占阳离子总量的 0.022% 和 0.011%，远低于其他阳离子的含量。总的来说，两种矿井水样中的主要阳离子成分基本相同，都是以 K^+、Na^+ 为主，而 Ca^{2+}、Mg^{2+} 和 NH_4^+ 则占据次要地位。

表 3-3　两种矿井水样中主要物质成分的测试结果

检测项目		信湖煤矿矿井水样		桃园煤矿矿井水样	
		含量/(mg/L)	占比/%	含量/(mg/L)	占比/%
阳离子	K^+、Na^+	1 134.31	98.644	521.82	98.004
	Ca^{2+}	10.34	0.899	4.17	0.783
	Mg^{2+}	2.75	0.239	5.73	1.076
	Fe^{3+}	0.25	0.022	—	—
	Fe^{2+}	0.13	0.011	—	—
	NH_4^+	2.12	0.185	0.73	0.137
	合计	1 149.90	100.000	532.45	100.000
阴离子	Cl^-	1 207.85	55.208	88.78	7.209
	SO_4^{2-}	14.80	0.677	49.30	4.004
	HCO_3^-	965.09	44.112	1 004.61	81.578
	CO_3^{2-}	—	—	88.78	7.209
	NO_3^-	—	—	—	—
	NO_2^-	0.06	0.003	—	—
	OH^-	—	—	—	—
	合计	2 187.80	100.000	1 231.47	100.000
可溶性固体		2 872.00	—	1 261.62	—
化学耗氧量(COD)		4.13		7.31	

　　两种矿井水样中的阴离子成分差别较大。在信湖煤矿矿井水样中,检测到了较多的 Cl^- 和 HCO_3^-,分别占阴离子总量的 55.208% 和 44.112%,两者之和占据阴离子总量的 99% 以上,说明 Cl^- 和 HCO_3^- 在信湖煤矿矿井水样中的阴离子中占据主导地位。此外,信湖煤矿矿井水样中还检测到少量的 SO_4^{2-} 和微量的 NO_2^-,分别占阴离子总量的 0.677% 和 0.003%。不同于信湖煤矿矿井水样,桃园煤矿矿井水样中含量最多的阴离子是 HCO_3^-,其含量占阴离子总量的 81.578%,居于绝对主导地位;其次是 Cl^- 和 CO_3^{2-},两者含量相同,都占阴离子总量的 7.209%;然后是 SO_4^{2-},其含量占阴离子总量的 4.004%。不同的是,桃园煤矿矿井水样中并没有检测到 NO_2^-。综上所述,两种矿井水样中所检测到的阴离子成分基本相同,不同的是,信湖煤矿矿井水样中的阴离子以 Cl^- 和 HCO_3^- 两种离子占据主导地位,而桃园煤矿矿井水样中的阴离子以单一的 HCO_3^- 占据主导地位。

对比两种矿井水样中的无机离子含量,可以发现,信湖煤矿矿井水样中的无机离子含量要明显多于桃园煤矿矿井水样中的无机离子含量。这点从可溶性固体测试结果中也可以反映出来。可溶性固体是指水溶液经过过滤后仍存在于水中的各类无机物和有机物之和,其主要成分是无机盐类的化合物,在一定程度上可以反映出矿井水的矿化度。由表3-3可以看出,信湖煤矿矿井水样和桃园煤矿矿井水样的可溶性固体的含量分别为 2 872.00 mg/L 和 1 231.47 mg/L。这可以在一定程度上表明,信湖煤矿矿井水样中的杂质更多,矿化度更高。这与离子成分测试结果基本一致。

水中的有机质可以提高瓦斯在水溶液中的溶解量,而化学耗氧量(chemical oxygen demand,COD)是指在一定的实验条件下,采用某种强氧化剂(一般为高锰酸钾)处理水样时所消耗的氧化剂的量,它是表示水溶液中还原性物质多少的一个指标,而水溶液中的还原性物质主要为有机物,因此化学耗氧量常用来表示水溶液被有机物污染的程度,即矿井水的化学耗氧量越高,则有机物含量越高。而矿井水溶液中的有机物主要来源有两个方面:一方面是在成煤过程中,植物结构中或煤本身的小分子有机物逐渐溶解到地层水中,这些有机物主要以可溶性腐殖质类物质为主;另一方面是在煤炭开采过程中,井下的乳化液、润滑剂等液体泄漏后对矿井水造成有机物污染[188-193]。由表3-3可以看出,信湖煤矿矿井水样和桃园煤矿矿井水样的化学耗氧量分别为 4.13 mg/L 和7.31 mg/L,这比普通饮用水的化学耗氧量要高出几倍。这说明矿井水相较于蒸馏水中含有更多的有机质成分,而且桃园煤矿矿井水样的化学耗氧量是信湖煤矿矿井水样的1.7倍以上,必定会导致瓦斯在矿井水中的溶解度发生较大变化。

综上所述,矿井水溶液中的阴离子主要以 Cl^- 和 HCO_3^- 为主,阳离子以 Na^+ 和 K^+ 为主。相关研究表明[63-64],相对于阴离子,金属阳离子对瓦斯溶解度的影响更大,主要原因是金属阳离子更容易与水分子结合形成水合离子,而且同价离子影响规律大体一致。因此,在下文中主要探索金属阳离子对瓦斯溶解度的影响,又因为氯盐在水溶液中的溶解度更高,便于研究不同矿物质浓度对瓦斯溶解度的影响规律,故将在下文中配置 NaCl 溶液来研究水中矿物质对瓦斯溶解度的影响。为了探寻不同价位离子对瓦斯溶解度的影响,将通过配置不同浓度的 $CaCl_2$ 溶液进行对比实验。此外,由于实验室条件下很难配置不同浓度的有机质溶液,本章将直接利用两种矿井水样来对比研究有机质对瓦斯溶解度的影响规律。

3.3.3 平衡压力对瓦斯溶解度的影响规律

图3-2为蒸馏水中不同平衡压力下的瓦斯溶解度变化规律。从图中可以

看出,随着平衡压力的增加,瓦斯溶解度逐渐增加,且呈明显的线性关系。该实验结果与相关文献的测定结果基本一致。例如,王锦山等[68]测试了 20 ℃时不同压力条件下的瓦斯溶解度,发现瓦斯溶解度与压力呈明显的线性关系。A. Chapoy 等[60]测试了 275.11~313.11 K 时 1~18 MPa 压力条件下甲烷在纯水溶液中的溶解度,结果发现,随着压力的升高,甲烷在水溶液中的溶解度逐渐增大,而且在低压条件下(<8 MPa),甲烷溶解度与压力是呈线性关系的。薛海涛等[194]认为不同气体在液体中的溶解度均随着压力的增加而增加。同样,K. Lekvam 等[61]的研究结果发现了在低压条件下,甲烷在水溶液中的溶解度是符合亨利定律的。通过和上述文献的结果对比可知,本小节所测得的实验结果具有一定的代表性,且瓦斯在水溶液中的溶解度与平衡压力具有明显的线性关系。

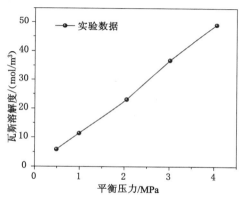

图 3-2　蒸馏水中不同平衡压力下的瓦斯溶解度变化规律

一般情况下,煤层中的瓦斯压力在 8 MPa 以下,对于抽采后的煤层,其瓦斯压力会更低。综合本小节实验及前人研究成果可知,在低压范围内,瓦斯在水溶液中的溶解度与瓦斯压力基本呈线性关系。基于该思路,如果可以测量水侵钻孔中平衡状态时钻孔水中的瓦斯溶解量,则可以迅速反推煤层瓦斯压力。但是,因为矿井水溶液成分复杂,受到多种因素影响,仍需开展其他因素的实验研究。

3.3.4　温度对瓦斯溶解度的影响规律

图 3-3 为蒸馏水中不同温度下的瓦斯溶解度变化规律。从图中可以看出,随着温度的升高,瓦斯在水溶液中的溶解度逐渐降低。然而相对于压力的影响,温度对瓦斯溶解度的影响较为复杂。范泓澈等[69]认为随着温度的升高,甲烷在水溶液中的溶解规律可分为以下三个阶段:缓慢递减阶段(0~

80 ℃)、快速递增阶段(80～150 ℃)和缓慢递增阶段(＞150 ℃)。在绝大多数条件下,我国的矿井水温度一般在 80 ℃以下,因此,本小节主要针对甲烷溶解的第一个阶段进行讨论。众所周知,甲烷在水溶液中的溶解主要分为间隙填充和水合作用。当压力一定时,在不同温度下两种溶解机理对于甲烷溶解度的贡献是不同的。为了掌握两种机理对于瓦斯溶解度的影响,付晓泰等[195]推演了甲烷在水溶液中的溶解度方程,分别计算了不同条件下两种溶解机理对甲烷溶解度的贡献,结果表明,随着温度的升高,水合作用的贡献逐渐降低,而间隙填充作用的贡献逐渐增大,但是在低温阶段(＜80 ℃),水合作用对甲烷溶解度的贡献占据主导作用,因此,在此阶段,随着温度的升高,甲烷溶解度逐渐降低,本小节实验结果与范泓澈等人的研究结果基本一致。

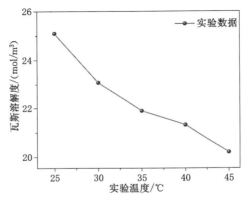

图 3-3　蒸馏水中不同温度下的瓦斯溶解度变化规律

　　我国绝大多数的矿井水温度处于上述文献中的低温阶段,因此,可以认为,在该温度段,瓦斯在水溶液中溶解度是随着温度的升高而降低的。而且,测压过程一般维持在 10～20 d,在该测试时间段内可以忽略煤层温度的变化。

3.3.5　矿物质对瓦斯溶解度的影响规律

　　图 3-4 为不同矿物质溶液中的瓦斯溶解度变化规律。从图中可以看出,随着溶液中矿物质浓度的增加,瓦斯在水溶液中的溶解度逐渐降低。在相同的矿物质浓度条件下,瓦斯在 $CaCl_2$ 溶液中的溶解度要小于 NaCl 溶液中的溶解度。尽管矿物质对瓦斯溶解度的影响规律仍然存在一定的争议,但是主流的学术观点认为,矿物质会降低瓦斯在水溶液中的溶解度。这可以从两方面进行解释:① 根据间隙填充理论,甲烷的溶解过程是甲烷分子不断地在水分子间隙填充的一个过程,而矿物质离子的存在占据了甲烷分子的填充位点,

从而导致甲烷溶解度降低[58]。虽然 Na^+ 与 Ca^{2+} 的半径差别较小,但是相同物质的量的 $CaCl_2$ 溶液中的 Cl^- 是 NaCl 溶液中 Cl^- 的 2 倍,从而造成 $CaCl_2$ 溶液中可容纳甲烷分子的间隙大大减小,使得瓦斯在 $CaCl_2$ 溶液中的溶解度相对较低。② 根据水合作用理论,瓦斯在水溶液中的溶解是甲烷分子与水分子结合形成水合物的过程,而在矿物质溶液中,溶液中的矿物离子会与甲烷分子抢占水分子,从而形成水合阳离子,降低了可以与甲烷分子结合的水分子数量[140,196]。因此,随着矿物质含量的增加,瓦斯溶解度逐渐降低,而且在相同摩尔浓度条件下,瓦斯在 $CaCl_2$ 溶液中的溶解度要小于在 NaCl 溶液中的溶解度。

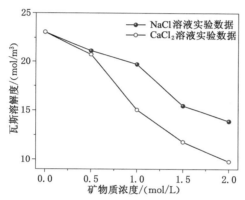

图 3-4 不同矿物质溶液中的瓦斯溶解度变化规律

综上所述,随着矿物质含量的增加瓦斯在水溶液中的溶解度逐渐降低。而且矿物质对于瓦斯溶解度的影响主要表现在充填水溶液间隙和形成水合阳离子两个方面。

3.3.6 瓦斯在矿井水溶液中的溶解规律

图 3-5 为矿井水溶液和蒸馏水中不同平衡压力下的瓦斯溶解度变化规律。通过对瓦斯溶解度与平衡压力之间的曲线进行线性拟合,可以发现各拟合曲线的相关性系数都达到了 0.99,这说明瓦斯溶解度与平衡压力之间存在明显的线性关系。这样就简化了瓦斯溶解度与平衡压力之间的数学关系,方便了后续现场试验的计算工作。此外,普遍认为,瓦斯在稀释溶液中的溶解度是符合亨利定律的,即瓦斯溶解度与平衡压力之间呈正比关系。但是,通过本小节的拟合结果可以看出,在蒸馏水溶液中,其拟合函数的斜率为 12.11,而截距为 0.56。在实验测量的瓦斯压力范围内其截距几乎可以忽略不计,基本符合上文所述的亨利定律。但是,两种矿井水溶液拟合曲线的截距分别高达

2.38 和 6.04,是蒸馏水溶液的几倍甚至 10 倍以上,这说明在矿井水溶液中瓦斯溶解度与平衡压力的关系不再符合正比例函数的规律,而是更加偏向于一次函数关系。

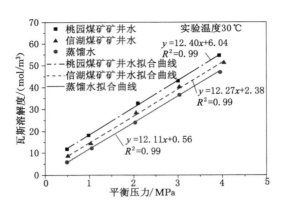

图 3-5   矿井水溶液和蒸馏水中不同平衡压力下的瓦斯溶解度变化规律

分析认为,导致矿井水溶液中平衡压力与瓦斯溶解度关系变化的主要原因是矿井水中含有有机质。由图 3-5 可以看出,在不同平衡压力条件下,两种矿井水溶液中的瓦斯溶解度都高于蒸馏水,而桃园煤矿矿井水的瓦斯溶解度更是高于信湖煤矿矿井水,实验结果与傅雪海、王沐众等[58,197]的研究成果一致。

矿井水相较于蒸馏水含有更多的矿物质,前文实验结果表明,矿物质会降低瓦斯在水溶液中的间隙填充作用和水合作用,致使瓦斯溶解度降低。但是本小节所测试的矿井水中的瓦斯溶解度却都高于蒸馏水,分析认为,瓦斯溶解度的提高是矿井水中的有机质成分造成的。傅雪海等[58]认为,矿井水中的有机质微粒会吸附一定量的瓦斯气体,从而致使矿井水中的瓦斯溶解度要高于蒸馏水。从前文的水质分析结果可知,两种矿井水含有较多的有机质,且桃园煤矿矿井水中的有机质要多于信湖煤矿矿井水,这与本小节的实验结果是相吻合的。而且,吸附作用是随压力的增加而增强的,从本小节的拟合结果可以看出,从蒸馏水、信湖煤矿矿井水到桃园煤矿矿井水的拟合曲线的斜率是逐渐增加的,这也说明越是在高压条件下,吸附作用对瓦斯溶解度的影响越明显。但是,笔者推测,有机质对瓦斯的吸附作用只是影响瓦斯溶解度的一方面。此外,有机质对瓦斯溶解度的影响还体现在可溶有机质对瓦斯的包裹作用,即矿井水中的可溶有机质包含大量的亲水基团和疏水基团,而大量的疏水基团可以将甲烷分子包裹在有机质内部,从而促使瓦斯溶解度增加。下文将在3.4.3

小节中进一步分析有机质对瓦斯溶解度的影响。

3.4　不同因素对瓦斯溶解度的影响机制

甲烷在水溶液中的溶解特性是新型瓦斯压力测定的理论基础,上文已通过实验测试了不同平衡压力、温度、矿物质浓度及矿井水中的瓦斯溶解度,并简要分析了不同影响因素对瓦斯溶解度的影响规律。本节将从瓦斯气体在水溶液中的溶解机理进行综合讨论。

3.4.1　间隙填充作用对瓦斯溶解度的影响机制

甲烷气体主要以间隙填充和水合作用溶解到水溶液中。如图 3-6 所示,瓦斯在水溶液中的间隙填充影响因素主要有三个:压力、温度和矿化度。间隙填充理论认为,瓦斯在水溶液中的溶解即为瓦斯在水溶液中的有效间隙不断填充的过程。普遍认为,水溶液几乎是不可压缩的,因此压力对于有效间隙的影响不大。但是,根据气体状态方程可知,在有效间隙固定的情况下,压力越高单位空间内的气体含量就越大。因此,尽管压力不会影响水溶液的有效间隙,但是随着压力的升高,在固定的有效间隙中可以容纳的气体分子数量更多,因而瓦斯在水溶液中的溶解量会增加。

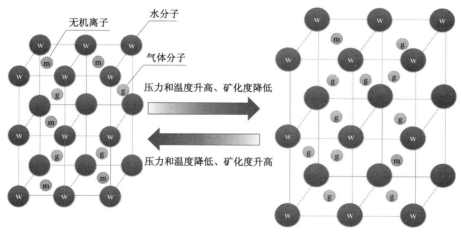

图 3-6　瓦斯在水溶液中的间隙填充溶解机制

不同于压力,温度对水溶液的有效间隙影响十分明显,而且在不同温度阶段,其影响不同。付晓泰等[63,195]根据水溶液对氦气的最大有效间隙度提出了水溶液对不同气体分子的最大有效间隙度经验方程,如式(3-3)所示,通过分析水溶液对瓦斯的最大有效间隙度随温度的变化规律,发现有效间隙度随着温度的升高而增大,但是在小于 80 ℃时,变化规律不明显,而在 80～150 ℃时,有效间隙度随着温度的上升而急剧增大。而对于矿井水,多数条件下是低于 80 ℃的,因此在该温度范围内,温度对瓦斯气体的间隙填充是有增强效应的,但是影响程度较弱。

$$V_{ei} = \alpha_i(9.696\ 829 \times 10^{-3} + 3.163\ 917\ 8 \times 10^{-5} T - 1.257\ 929 \times 10^{-6} T^2$$
$$+ 2.129\ 631 \times 10^{-8} T^3) \tag{3-3}$$

式中,V_{ei} 为水溶液对气体 i 的最大有效间隙度;α_i 为气体 i 的修正系数;T 为实验温度,℃。

矿物质对水溶液有效间隙的影响表现为:水溶液中的矿物质会抢占有效间隙,即溶液中无机离子的浓度与半径越大,留给气体分子的有效间隙就越小,致使瓦斯溶解度降低。

3.4.2 水合作用对瓦斯溶解度的影响机制

甲烷在水溶液中的另一种溶解形式是水合作用,主要是指甲烷分子与水分子相结合形成水合分子,其形成过程可以通过下式来表示[69-70]:

$$CH_4(气) + nH_2O(液) = CH_4 \cdot nH_2O(液) + 热量 \tag{3-4}$$

由式(3-4)可以看出,水合作用指的是 1 个甲烷分子可以与多个水分子相结合形成水合甲烷分子。该反应过程是放热反应过程。因此,水合作用受温度的影响极为强烈,在温度较低的情况下,水合作用更容易发生。相反,温度越高,分子热运动越快,甲烷与水分子的缔合作用就会不断减弱,甲烷在水中的溶解量就越少。同时,如 3.4.1 小节所述,随着温度的升高,水溶液对气体的有效间隙度会逐渐增大。因此,温度对瓦斯溶解度的影响存在着一对相互竞争的作用,在低温条件下,水合作用占据主导,因而随着温度的升高(小于 80 ℃范围内),溶解度会逐渐降低。

矿物质对水合作用的影响则表现为:无机离子会与水分子结合形成水合离子。尤其是金属阳离子,相较于阴离子,金属阳离子具有更强的水合能力,1 个金属阳离子会与多个水分子结合形成水合阳离子,从而与甲烷分子形成竞争,减少了可以与甲烷分子结合的水分子数量。而且,水合阳离子的形成致使水分子的结合更加紧密,进而降低了水溶液中的有效间隙度。因此,溶液中的矿物质浓度越高,瓦斯溶解度就越低。

3.4.3 矿井水中有机质对瓦斯溶解度的增溶作用

对比瓦斯在蒸馏水和矿井水中的溶解度可以发现,瓦斯在矿井水中的溶解度明显高于在蒸馏水中的溶解度,而矿井水与蒸馏水溶质成分的主要差别是矿井水中含有更多的矿物质和有机质。根据图 3-4 可知,水溶液中的矿物质不利于瓦斯在水溶液中的溶解,因此可以推断矿井水中的有机质是造成瓦斯溶解度较高的主要原因。

矿井水中的有机质主要来源有天然形成的有机质和人为污染造成的有机质。天然有机质是以腐殖酸、富里酸等一类的腐殖质为主,而腐殖酸是制作表面活性剂的常用原料之一。矿井水中有机质的另外一个来源是矿井开采所造成的污染,而这类有机质主要是以油酸、油酸锌、松香油、烷基苯磺酸钠、三乙醇胺、液态石蜡等为主要成分组成的乳化液和机械润滑油。这些有机质中都含有大量的亲水基团和疏水基团,甲烷分子在溶解过程中,会被有机质包裹在疏水基团内部,换言之,矿井水中的有机质给甲烷溶解提供了额外的溶解空间,从而提高了瓦斯在矿井水中的溶解度。

最后,除了可溶性有机质外,矿井水中还含有一定量有机质微粒,如煤屑等有机质微粒,这些有机质微粒会吸附一定量的瓦斯气体,且压力越高吸附作用越明显,从而提高了瓦斯在矿井水中的溶解度。

3.5　本章小结

掌握瓦斯在水溶液中的溶解规律是研发新型水侵钻孔瓦斯压力测定装备的基础,本章首先测定了不同矿井水样中的主要物质成分,然后利用自主设计的瓦斯溶解度实验系统,测试了不同条件下瓦斯在水溶液中的溶解度,通过将实验值与理论值对比,验证了该瓦斯溶解度测试装置的准确性。然后通过实验探索了不同温度、压力、矿物质及矿井水溶液中的瓦斯溶解规律。最后结合间隙填充理论、水合作用理论和有机质增溶作用阐释了不同因素对瓦斯溶解度的影响机制。本章主要得出以下结论:

(1)通过现场采样的方法,收集了信湖煤矿和桃园煤矿两个矿井的水侵测压钻孔水样,依据矿井水测试标准测试了两种不同矿井水样中的主要溶质成分,发现两种矿井水样中的阳离子以 K^+、Na^+ 为主,两种离子之和可占阳离子总量的 98% 以上,其次还含有一定量的 Ca^{2+}、Mg^{2+} 和 NH_4^+。此外,信湖煤矿矿井水样中还检测到了微量的 Fe^{3+} 和 Fe^{2+}。阴离子中,信湖煤矿矿井水样以 Cl^- 和 HCO_3^- 为主,两者之和占阴离子总量的 99% 以上,其次还含有微量的 SO_4^{2-} 和 NO_2^-。而桃园煤矿矿井水样以 HCO_3^- 为主,占阴离子总量的 81% 以上,其次还含有少量的 Cl^-、CO_3^{2-} 和 SO_4^{2-}。最后,依据化学耗氧量测试结果判断出,两种矿井水样中都含有较多的有机质,且桃园煤矿矿井水样中的有机质含量更高。

(2)利用自主研发的瓦斯溶解度实验系统测试了不同条件下水溶液中的瓦斯溶解度。通过与理论值对比,相对偏差均在 10% 以内,验证了该实验系统的可靠性。在测试范围内,瓦斯溶解度随着平衡压力的增加而增加,随着温度和矿化度的升高而降低。矿井水中的瓦斯溶解度明显高于蒸馏水中的溶解度,而且在蒸馏水和矿井水中,瓦斯溶解度与平衡压力均呈明显的线性关系,研究成果可为新型瓦斯压力测定方法提供理论和实验基础。

(3) 利用间隙填充理论、水合作用理论和有机质增溶作用阐释了各影响因素对瓦斯溶解度的影响机制:① 压力的升高可以促使单位有效间隙内容纳更多的瓦斯气体,从而增加瓦斯溶解度。② 温度的升高会同时影响瓦斯的间隙填充和水合作用,且两者之间是相互竞争的关系。一方面,温度的升高会增加水溶液的最大有效间隙度,从而促使瓦斯溶解度的提高。另一方面,水合作用是一个放热的过程,随着温度升高,瓦斯的水合作用会减弱,从而降低瓦斯溶解度。但是,在低温条件下(小于 80 ℃),瓦斯的水合作用占据主导,使得瓦斯溶解度随着温度的升高而降低。③ 水溶液中的矿物质一方面会占据有效间隙,另一方面会与甲烷分子竞争水分子形成水合离子,从而削弱甲烷气体的水合作用,因此矿物质会降低瓦斯在水溶液中的溶解度。④ 通过对比矿井水和蒸馏水中的瓦斯溶解度,间接分析出有机质是促使矿井水中瓦斯溶解度高于蒸馏水的重要因素。一方面,可溶有机质可以为甲烷分子的溶解提供附加空间,从而提升了甲烷在水溶液中的溶解度。另一方面,矿井水溶液中的有机质微粒对甲烷的吸附作用,也是提高矿井水溶液中瓦斯溶解度的重要因素。

4　瓦斯在水溶液中的扩散运移规律

在水侵煤层中,气体在饱和水煤体区域和充满水的钻孔中的主要运移方式为扩散运移。对于水侵测压钻孔,由于钻孔周围饱和水煤体区域的存在,煤层瓦斯在压力的作用下会首先溶解到孔隙水中,并在浓度梯度的作用下由高浓度处的饱和水煤体区域逐渐向低浓度处的钻孔水中运移,并最终在钻孔水中逐渐达到平衡状态。本书提出测量平衡状态时钻孔水中的瓦斯溶解量来反推煤层瓦斯压力,而气体在水溶液中的扩散运移能力将在很大程度上决定该方法的具体测试周期。同样,对于水侵下向穿层抽采钻孔中,气体在水溶液中的扩散能力也影响着水侵下向穿层钻孔的瓦斯抽采效果,因此掌握瓦斯在水溶液中的扩散规律是描述水侵下向穿层钻孔瓦斯抽采运移规律的基础。

为了系统研究水侵煤层瓦斯运移机制,本章将深入分析瓦斯在水溶液中的扩散运移规律,通过实验的方法研究不同压力、温度、矿物质浓度及矿井水中的瓦斯扩散运移规律。然后,理论分析并掌握不同影响因素对瓦斯扩散系数的影响机制。研究成果可以为水侵煤层瓦斯运移机制提供一定的理论基础。

4.1　瓦斯在水溶液中的扩散系数测定方法

4.1.1　实验样品

本章所使用的水溶液样品与第3章瓦斯溶解度测定实验所使用的水溶液样品相同,具体的溶液配置方法及矿井水的采样方法,可参考3.2.1小节相关内容,本部分不再赘述。

4.1.2　扩散系数计算模型

（1）物理模型

扩散系数是表征气体扩散能力的重要参数,为了获得气体在水溶液中的扩散系数,本章将通过经典的PVT法测定瓦斯在水溶液中的扩散系数,该方法被广泛地应用于计算气体在水溶液中的扩散系数。图 4-1 为瓦斯在水溶液中扩散系数测定方法的物理模型,箭头代表瓦斯溶解到水溶液后的扩散运移方向,z_0 代表水溶液的高度,h 代表气柱的高度。实验开始后,瓦斯会在气液接触面处溶入水溶液中,并逐步向水溶液深处扩散。气体的不断扩散溶解会造成扩散腔内瓦斯压力的降低,本章将利用压力传感器监测在扩散过程中的瓦斯压力变化,从而获得不同时间内瓦斯扩散到水溶液中的量。最后,利用基于菲克第二定律推导出的气体扩散系数计算模型,计算不同压力、温度、矿物质浓度及矿井水中的瓦斯扩散系数。

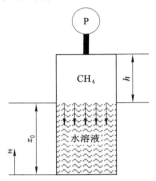

图 4-1　瓦斯在水溶液中扩散系数测定方法的物理模型

（2）数学模型

为获得瓦斯在水溶液中的扩散系数,在建立扩散系数计算模型时,首先作出以下假设:

① 瓦斯在水溶液中的扩散系数为常数;

② 忽略瓦斯溶解后水溶液的密度变化,即在瓦斯扩散过程中水溶液不会发生密度差所引起的对流现象;

③ 忽略瓦斯溶解后水溶液所产生的膨胀现象,即在瓦斯扩散过程中水溶液不会发生因体积膨胀所引起的对流现象;

④ 扩散一旦开始,气液接触面处的液体表面迅速达到溶解饱和状态;

⑤ 扩散过程中,气液接触面处的液体浓度为一常数,不随时间发生变化;

⑥ 在实验过程中,假设气体分子永远无法扩散到溶液的最底部;

⑦ 忽略实验过程中水溶液的蒸发。

结合一维的菲克第二定律和连续性方程,可以得到一维条件下的扩散方程,结果如下:

$$\frac{\partial c}{\partial t} = D_L \frac{\partial^2 c}{\partial t^2} \tag{4-1}$$

式中，c 为气体溶解在水溶液中的浓度，mol/m^3；t 为气体扩散时间，s；D_L 为气体在水溶液中的扩散系数，m^2/s。

在零时刻，即 $t = 0$ 时，气体扩散尚未开始，可得：

$$c = 0 (0 \leqslant z \leqslant z_0, t = 0) \tag{4-2}$$

根据假设④和假设⑤，气体扩散一旦开始，有：

$$c = c_s (z = z_0, t > 0) \tag{4-3}$$

式中，c_s 为在实验温度和压力条件下，气体在水溶液中的最大溶解度，mol/m^3。

Z. W. Li 和郭彪等[151,198]通过对式(4-1)～式(4-3)进行解算，得到：

$$c = c_s [1 - \mathrm{erf}(\xi)] \tag{4-4}$$

其中：

$$\xi = \frac{z_0 - z}{\sqrt{4 D_L t}} \tag{4-5}$$

因此：

$$\mathrm{erf}(\xi) = \frac{2}{\sqrt{\pi}} \int_0^\xi e^{-s^2} \mathrm{d}s \tag{4-6}$$

在整个扩散过程中，气体扩散到溶液中的质量与气相中减少的质量遵循质量守恒定律，因此，可以得到：

$$-\frac{V \mathrm{d}p_g}{ZRT} = D_L S \frac{\partial c}{\partial z}\bigg|_{z=z_0} \mathrm{d}t \tag{4-7}$$

式中，V 为气体气相的体积，m^3；Z 为气体压缩因子；T 为实验温度，K；R 为普适气体常数，8.314 J/(mol·K)；S 为气体和液体的接触面积，即扩散腔体的内横截面面积，m^2；p_g 为气体压力，Pa。

在 $t_0 \sim t$ 时间段内对式(4-7)等式两边同时积分，可得：

$$\Delta p_g = k (\sqrt{t} - \sqrt{t_0}) \tag{4-8}$$

其中：

$$\Delta p_g = p_{g0} - p_g \tag{4-9}$$

$$k = \frac{2ZRTc_s}{h} \sqrt{\frac{D_L}{\pi}} \tag{4-10}$$

式中，p_{g0} 为初始时刻 t_0 所对应的气体压力，Pa；h 为气柱的高度，m。

因此，对式(4-10)整理，可得到扩散系数 D_L 的计算公式：

$$D_L = \frac{\pi k^2 h^2}{4 (ZRTc_s)^2} \tag{4-11}$$

根据式(4-11)可知，除了 k，其余变量均可由实验条件或前文实验结果得到。而根据式(4-8)和式(4-9)可知，k 是压力降和时间平方根的差所组成的函数的斜率，因此，只需将得到的压力降与时间平方根的差所组成的函数进行线性拟合即可求得 k，从而代入式(4-11)得到气体在水溶液中的扩散系数。

4.1.3 实验装置及方法

本章依据传统的 PVT 法设计了水溶液中瓦斯扩散系数的测定装置，该实验装置主要由供气系统、恒温浴槽、扩散腔体、数据采集器、计算机、真空泵和蓄水容器等 7 个部分组成。本书所使用的扩散腔体为自主加工制成，极限耐压为 16 MPa，容积为 205 mL。实验使用的数据采集器由常州智博瑞仪器制造有限公司生产制造，具有 8 个测试通道，可同时进行 8 组实验数据的采集，采集时间间隔可控制在 1～10 000 ms。

瓦斯在水溶液中的扩散系数实验系统示意图如图 4-2 所示。

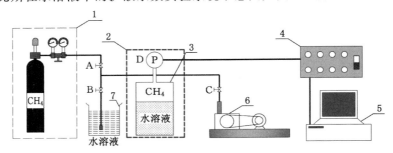

1—供气系统；2—恒温浴槽；3—扩散腔体；4—数据采集器；

5—计算机；6—真空泵；7—蓄水容器；

A，B，C—阀门；D—压力传感器。

图 4-2 瓦斯在水溶液中的扩散系数实验系统示意图

具体实验步骤如下：

(1) 气密性检测：在每次实验开始前，应首先对扩散腔体进行气密性检测。向扩散腔体内注入高压(10 MPa)气体，关闭所有阀门，然后打开恒温浴槽开关，使其保持在 30 ℃ 条件下，观测压力传感器数值，如果在 24 h 内无变化则认为气密性良好。

(2) 真空脱气：将扩散腔体放到恒温浴槽内并将恒温浴槽的温度设置为 60 ℃，关闭阀门 A 和 B，打开阀门 C，然后启动真空泵，真空脱气 2 h。脱气完成后，关闭阀门 C，并将恒温浴槽的温度调节到实验预设温度。

(3) 注入溶液：将配置好的水溶液添加到蓄水容器中，然后打开阀门 B，由于扩散腔体内处于负压状态，蓄水容器中的溶液会在负压的作用下被吸入扩散腔体内。与此同时，观测蓄水容器中的刻度，当进水量达到 150 mL 时，迅速关闭阀门 B,结束进水。需要注意的是,刚开始进水时,为了避免管路中原有的空气被吸入扩散腔体内,应在每次吸水前,利用注射器将管路内的空气吸出,避免空气进入扩散腔体内干扰实验结果。

(4)注气:调节供气系统的减压阀使其达到预设的实验压力值,然后依次打开供气系统开关和阀门 A,使瓦斯进入扩散腔体内并在达到预设压力值后,按顺序关闭阀门 A、供气系统开关和减压阀。每次注气开始前,应首先打开供气系统释放甲烷,排除管路中的空气,避免空气进入扩散腔体内干扰实验结果。

(5)数据采集:打开计算机和数据采集系统,依据传感器配置设置输入电压等参数,将采集时间间隔设置为 1 s。然后通过计算机记录扩散腔体内的压力变化,总记录时间一般大于 5 d。

(6)数据处理:由于数据采集间隔较短、采集时间长,总数据量较大,但是压力变化却较缓。因此,在处理数据时,将每 6 h 的压力降数据进行平均,然后绘制压力降曲线,进行数据拟合。

改变溶液、温度和预设平衡压力,重复上述实验过程,获得不同实验条件下的瓦斯扩散系数,具体实验方案见表 4-1。

表 4-1　瓦斯在水溶液中的扩散系数实验方案

溶液类型	溶质浓度/(mol/L)	预设平衡压力/MPa	温度/℃	考察因素
蒸馏水	—	0.5～4	30	压力
蒸馏水	—	2	25～45	温度
NaCl 溶液	0.5～2	2	30	矿物质
信湖煤矿矿井水	—	0.5～4	30	矿井水

4.2　瓦斯在水溶液中的扩散系数实验结果及分析

4.2.1　压力对瓦斯在水溶液中的扩散系数影响规律

图 4-3 是不同压力条件下瓦斯在蒸馏水中的压力降变化及拟合曲线。从图中可以看出,不同压力条件下的压力降均呈现出两个明显的阶段:初期的快速降压阶段和后期的线性降压阶段。初始时刻,瓦斯在压力的作用下会迅速溶解在水溶液中。进而,由高浓度区域向低浓度区域逐渐扩散。水溶液溶解瓦斯后其液体密度会有所增大,从而促使液体产生密度差引起的对流,即溶解较多瓦斯的高密度水溶液会向下运移,而未溶解或溶解较少瓦斯的低密度水

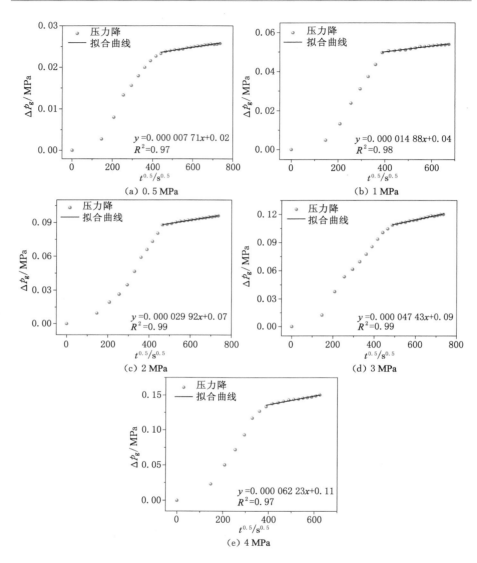

图 4-3 不同压力条件下瓦斯在蒸馏水中的压力降变化及拟合曲线

溶液会向上运移。对流作用会加速瓦斯在水溶液中的溶解过程。因此,在初始阶段,瓦斯受到扩散和对流的双重作用影响,气体溶解扩散速度较快,瓦斯压力下降迅速。随着时间的推移,水溶液各位置处的密度会逐渐趋于均一化,此时,液体对流现象减弱,扩散作用逐渐占据主导位置,从而形成了后期的线性降压阶段。而在利用 PVT 法计算气体在水溶液中的扩散系数时,需要采用后期线性降压阶段的数据,从而避免对流作用对扩散系数计算的影响。

通过对线性降压阶段的压力降进行线性拟合,可以得到不同压力条件下的斜率 k,其变化范围为 7.71~62.23 $Pa/s^{0.5}$,且随着压力的升高,k 逐渐增大。同时,根据拟合结果可知,拟合曲线的相关性系数在 0.97 及以上,这说明拟合结果相对较为可靠。将拟合结果代入式(4-11),即可计算不同压力条件下瓦斯在水溶液中的扩散系数。

图 4-4 为不同压力条件下瓦斯在蒸馏水中的扩散系数变化规律。从图中可以看出,随着压力的升高,瓦斯在水溶液中的扩散系数逐渐增加。这与相关文献测试的结果基本一致[144-145]。分别在 0.5 MPa 和 4 MPa 压力时,其气体扩散系数达到最小和最大值,分别为 $2.44×10^{-9}$ m^2/s 和 $2.55×10^{-9}$ m^2/s。瓦斯扩散系数变化趋势随着压力的升高而逐渐趋近于平缓,而且最大值与最小值之间的变化率仅为 4.5%。这说明,尽管随着压力的升高,瓦斯扩散系数逐渐增加,但是扩散系数对于压力的敏感性并不是特别强烈。而且当压力达到 3 MPa 以后,随着压力的继续增加,瓦斯扩散系数的变化相对较小。压力对瓦斯扩散系数的影响主要表现在压力对于液体黏度和气体分子无规则运动的影响。本章将在 4.3 节中对此进行详细的分析,此处不再赘述。

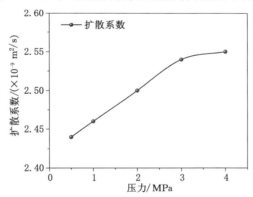

图 4-4　不同压力条件下瓦斯在蒸馏水中的扩散系数变化规律

4.2.2　温度对瓦斯在水溶液中的扩散系数影响规律

图 4-5 为不同温度条件下瓦斯在蒸馏水中的压力降变化及拟合曲线。从图中可以看出,不同温度条件下的压力降分布同样呈现两个明显的阶段,前文已针对压力降曲线的两个阶段出现原因进行了详细解释,此处便不再介绍。通过对第二阶段压力降数据进行线性拟合可以发现,斜率 k 的范围为 23.71~32.61 $Pa/s^{0.5}$,且拟合曲线的相关性系数在 0.98 及以上,表明拟合结果相对

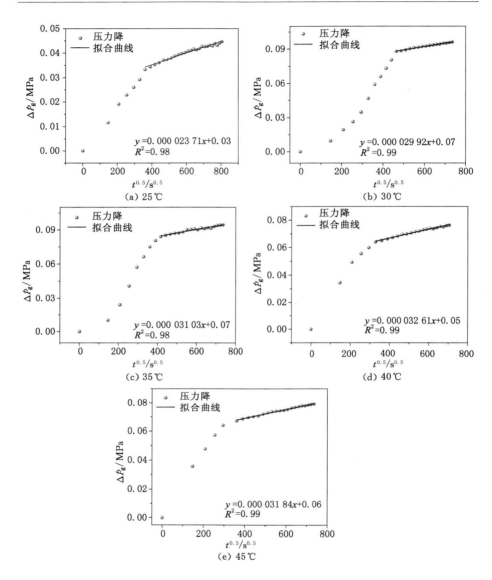

图 4-5　不同温度条件下瓦斯在蒸馏水中的压力降变化及拟合曲线

可靠。随着温度的升高,斜率 k 呈先增加后平缓降低的趋势,最大值 32.61 $Pa/s^{0.5}$ 出现在温度为 40 ℃时,而当温度继续升高到 45 ℃时,其 k 值略 有下降,但下降幅度较低,其值为 31.84 $Pa/s^{0.5}$。此外,在同样的测试时间内, 不同实验温度的最大瓦斯压力降不同,呈先增高后降低的趋势。分析认为,这个现象受到气体溶解度与扩散系数的共同影响,本书将在下文中进一步分析。

根据上述拟合结果,可以得到不同温度条件下瓦斯气体在蒸馏水中的扩散系数,如图 4-6 所示。从图中可以看出,在 25～45 ℃范围内,计算得到的瓦斯气体扩散系数范围为 $1.38 \times 10^{-9} \sim 3.32 \times 10^{-9}$ m²/s,且随着温度的升高,扩散系数逐渐增大。在 40 ℃之前,瓦斯扩散系数随温度的升高迅速增大,而当温度继续升高时,瓦斯扩散系数的变化趋于减缓。众多学者针对温度对气体扩散系数的影响规律已基本达成共识,即随着温度的升高,分子热运动增强,导致气体在水溶液中的扩散系数增大。此外,水溶液的黏度也是影响气体扩散系数的关键因素。随着温度的升高,水溶液的黏度会逐渐降低。这两方面的共同作用致使气体扩散系数随着温度的升高逐渐降低。此外,国内外众多学者基于大量实验结果总结了气体扩散系数与温度之间的数学关系,如Speedy-Angell 指数方程和 Arrhenius 方程[199-200]等,这些经验方程都可以在一定程度上描述气体扩散系数与温度之间的函数关系。

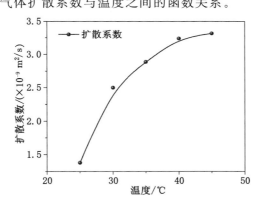

图 4-6　不同温度条件下瓦斯在蒸馏水中的扩散系数变化规律

在同样的测试时间内,不同实验温度的最大瓦斯压力降不同,呈先增高后降低的趋势。分析认为,这种现象受到气体溶解度与扩散系数的共同影响。在温度较低时,尽管气体溶解度较高,但是气体扩散系数较小,从而在一定时间内气体在水中的扩散量较小,导致压力降较小。随着温度逐渐升高,气体在水溶液中的扩散系数增大,单位时间内的气体扩散量增加,使得压力降进一步升高。但是,当温度升高到一定范围时,气体扩散系数的增加幅度减小,而溶解度会进一步降低。尽管单位时间内气体在水溶液中的扩散量主要由扩散系数决定,但是在扩散的最初阶段溶解度较高,水溶液表面必然会吸收更多的瓦斯气体。因此,在测试时间范围内实验系统内的压力降是由扩散系数和溶解度两个因素共同决定的。

4.2.3 矿物质对瓦斯在水溶液中的扩散系数影响规律

图 4-7 为瓦斯在不同浓度 NaCl 水溶液中的压力降变化及拟合曲线。通过对第二阶段的压力降数据进行线性拟合可以得到不同矿物质浓度条件下的 k 值，其变化范围为 $16.11 \sim 48.50$ Pa/s$^{0.5}$，且随着矿物质浓度的增加斜率 k

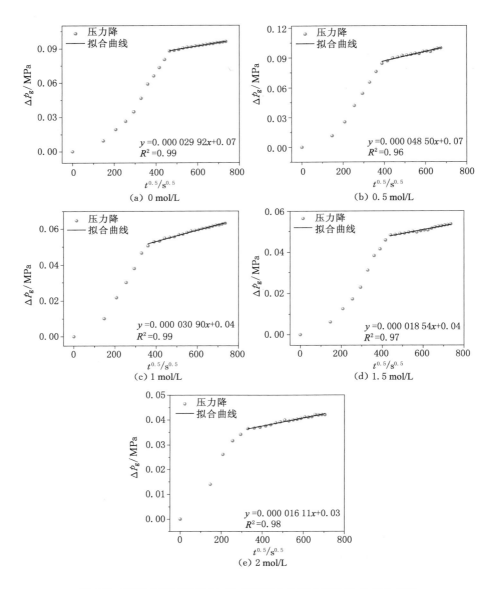

图 4-7 瓦斯在不同浓度 NaCl 水溶液中的压力降变化及拟合曲线

呈先升高后降低的趋势。根据拟合结果可知,除了矿物质浓度在 0.5 mol/L 时拟合曲线的相关性系数为 0.96,其余浓度条件下拟合曲线的相关性系数在 0.97 及以上,这表明拟合结果相对可靠。此外,在测试时间内,各测试系统的最大压力降呈先增加后降低的趋势。这同样是受到瓦斯在水溶液中的溶解度和扩散系数的共同影响。

根据上述拟合结果,可以计算出不同浓度 NaCl 水溶液中的瓦斯扩散系数,如图 4-8 所示。从图中可以看出,随着 NaCl 浓度的增加,瓦斯在水溶液中的扩散系数呈先增加后降低的趋势。分析认为,矿物质对瓦斯扩散系数的影响可以从两个方面进行解释:① 在 NaCl 溶液中,钠离子与水分子会发生水合作用,一个钠离子可以与多个水分子结合形成水合钠离子。瓦斯在水溶液中溶解的一部分就是甲烷分子与水分子形成水合物的过程,而水溶液中矿物质离子的存在会与甲烷分子竞争水分子,从而降低甲烷的水合作用能力,导致在扩散过程中,水分子对甲烷分子的束缚力减弱,使得甲烷分子的扩散能力提高。② 甲烷在水溶液中的溶解除了水合作用外,还有间隙填充,即甲烷分子不断地在水分子间隙中填充。而在矿物质溶液中,溶液中的阴阳离子会占据水溶液的有效间隙,减少甲烷分子的运移通道,从而会降低甲烷分子的扩散系数。

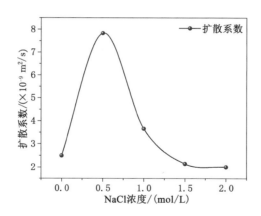

图 4-8 不同浓度 NaCl 水溶液中的瓦斯扩散系数变化规律

综上所述,溶液中矿物质的浓度是影响瓦斯扩散系数的关键因素,当溶液中矿物质浓度较低时,水合作用占据主导,从而降低甲烷分子的水合作用能力,提高甲烷分子的扩散系数。而当矿物质浓度较高时,间隙填充作用占据主导,甲烷分子运移通道减少,扩散能力降低。

4.2.4 矿井水中瓦斯扩散系数变化规律

图 4-9 为不同压力条件下瓦斯在信湖煤矿矿井水样中的压力降变化及拟合曲线。通过对第二阶段的压力降数据进行线性拟合可以得到不同压力条件下的 k 值,其变化范围为 $16.90 \sim 100.60\ \mathrm{Pa/s^{0.5}}$,且随着压力的增加,斜率 k

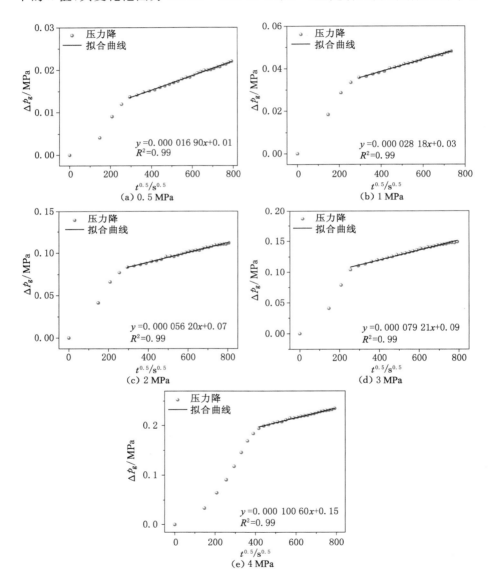

图 4-9　不同压力条件下瓦斯在信湖煤矿矿井水样中的压力降变化及拟合曲线

逐渐增加,其变化规律与蒸馏水中的变化规律相同。同时,各拟合曲线的相关性系数都达到了0.99,这说明拟合曲线的相关度较高,实验结果比较可靠。通过和不同压力条件下蒸馏水的拟合曲线斜率对比,可以发现,在相同压力条件下矿井水中的k值要大于蒸馏水中的k值。这初步说明,瓦斯在矿井水中的扩散能力要强于在蒸馏水中的扩散能力。但是,根据扩散系数的推导公式可知,扩散系数的大小还跟水溶液中的瓦斯溶解度有关,因此还需进一步计算,才可以得到更加准确的结果。

图4-10为不同压力条件下瓦斯在信湖煤矿矿井水样中的扩散系数变化规律。对比蒸馏水中的瓦斯扩散系数变化规律,可以看出,无论是在矿井水中还是蒸馏水中,瓦斯扩散系数都是随着气体压力的增加而增加。而且,瓦斯在矿井水中的扩散系数要明显大于在蒸馏水中的扩散系数。分析认为,矿井水中的矿物质与有机质都是影响瓦斯扩散系数的关键因素。从前文矿物质溶液中瓦斯扩散系数的变化规律可以看出,随着矿物质浓度的增加,瓦斯在水溶液中的扩散系数呈先增加后降低的趋势,而矿井水中的矿物质含量较低,这是促使瓦斯在矿井水中的扩散系数较高的一个原因。此外,有机质的增溶作用是提高气体扩散系数的另一重要原因。

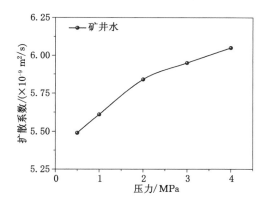

图4-10　不同压力条件下瓦斯在信湖煤矿矿井水样中的扩散系数变化规律

为进一步对比不同类型液体中的气体扩散系数,本章收集了其他文献中的实验数据,见表4-2。从表中可以看出,不同文献列出的数据中,含有少量矿物质溶液的气体扩散系数都高于蒸馏水溶液。文献[140]通过实验测试发现,在含有一定量Mg^{2+}的溶液中,其气体扩散系数是蒸馏水溶液的30倍以上。分析认为,矿物离子对瓦斯扩散系数的影响主要由矿物质的水合作用能力和矿物质的浓度共同决定,即矿物质的水合作用能力有利于气体在水溶液中的扩散,而当浓度较高时又会占据气体运移通道,不利于气体扩散。此外,水溶液中的有机质也是导致矿井水中瓦斯扩散系数较高的重要原因。本章将在下一节重点阐述不同因素对瓦斯扩散系数的影响机制,此处便不再过多阐述。

表 4-2　不同类型溶液中的气体扩散系数

溶液类型	浓度/(g/L)	压力/MPa	温度/℃	扩散系数/($\times 10^{-9}$ m²/s)	数据来源
蒸馏水	—	0.5~4.0	25~45	1.38~3.32	实测
蒸馏水	—	0.09	18.5~75.1	1.95~5.40	文献[201]
蒸馏水	—	0.1	25~55	1.97~3.67	文献[202]
蒸馏水	—	5.5~6.1	30~40	0.678~0.732	文献[140]
NaCl 溶液	29.25~117.00	2.0	30	2.00~7.83	实测
NaCl 溶液	5.8	1.5~5.8	38	3.07~7.35	文献[203]
NaCl 溶液	5.8	1.5~5.2	38	2.93~4.83	文献[204]
NaCl 溶液	100	6.3	30	4.68	文献[140]
KCl 溶液	128	6.2	30	1.71	文献[140]
CaCl$_2$溶液	95.68	6.2	30	3.20	文献[140]
MgCl$_2$溶液	82	6.1	30	23.3	文献[140]
矿井水	—	0.5~4	30	5.49~6.05	实测

4.3　不同因素对水溶液中瓦斯扩散系数的影响机制

前文通过自制的实验系统,得出了瓦斯在不同压力、温度、矿物质浓度及矿井水溶液中的扩散系数变化规律。为了更进一步掌握瓦斯在水溶液中的扩散运移机理,本节将从液体黏度、分子无规则运动、水溶液有效间隙、水合作用及可溶有机质的包裹携带作用等角度深入分析各因素对瓦斯扩散系数的影响机制。

气体在水溶液中的扩散系数影响因素主要有 5 个:液体黏度、分子无规则运动、水溶液有效间隙、水合作用和可溶有机质的包裹携带作用。而这 5 个因素对气体扩散系数的影响如下:① 液体的黏度越高,分子在液体中的运动阻力越大,从而使得气体扩散系数随着液体黏度的增加而降低;② 气体分子无规则运动越剧烈,气体分子的扩散能力越强;③ 水溶液的间隙给气体的扩散运移提供了通道,而水溶液的有效间隙越大、有效间隙度越高,则越有利于气体的扩散运移;④ 气体分子在水溶液中扩散运移时,会与水分子发生水合作用,若气体的水合能力越强,则代表该气体越容易被水分子束缚,从而降低其扩散能力;⑤ 可溶有机质一般含有一定量的疏水基团,使得可溶有机质可以携带一定量的气体分子进入溶液内部,从而促使气体在溶液内部进行扩散,进而提高了气体的扩散能力。

根据前文的实验结果可知,随着压力的提高,瓦斯扩散系数是逐渐增加的。而压力对瓦斯扩散系数的影响主要体现在两个方面:分子无规则运动和溶液黏度。尽管压力并不会影响分子的热运动,但是压力越高,单位体积内的气体分子密度越大,使得气体分子在单位时间内碰撞次数增加,因此在压力较高的系统中,单位时间内会有更多的气体分子与液体表面接触,从而造成有更多的气体分子可以进入液体内部,使得气体压力降增加,因此在压力较高的实验系统中测得的气体扩散系数更大。但是归结于本质,压力并不会提高气体分子的扩散能力,而是可以促使气体分子更容易进入溶液内部,致使测得的气体扩散系数增加。此外,压力对液体黏度也有一定的影响,随着压力的升高液体本身的黏度会增加,使得气体扩散系数的增加趋势逐渐减缓。

温度对瓦斯扩散系数的影响主要体现在对分子热运动和液体黏度的影响。众所周知,温度越高气体分子的无规则运动越剧烈,致使气体分子的扩散能力增强。此外,液体的黏度是由分子间内聚力引起的,随着温度的升高,液体分子的动能增加,使得液体分子之间的内聚力减小,进而降低了液体黏度。最后,温度的升高会降低气体分子的水合作用,液体分子对甲烷分子的束缚能力降低。综上所述,温度的升高会致使气体扩散能力的增强。

矿物质对瓦斯扩散系数的影响主要体现在对水合作用和水溶液有效间隙的影响。如图 4-11 所示,金属离子在水溶液中可以与水分子结合形成水合阳离子,通常会有两层明显的水化壳围绕在金属阳离子周围。第一层水化壳(内部水化壳)中的水分子是通过离子偶极相互作用结合的,而第二层水化壳(外部水化壳)中的水分子是通过氢键结合的。金属离子的水合作用,会与甲烷分子的水合作用形成竞争,从而降低水分子对甲烷分子的束缚,使得甲烷分子的扩散能力增强。而且,不同金属离子的水合作用能力是不同的,这与金属离子的电荷、半径以及 M—O 距离有关(M—O 距离指金属离子与第一个邻近水分子之间的距离)。研究表明,随着金属离子半径的降低和电荷的升高,金属离子对水分子的束缚能力增强。此外,水合阳离子所束缚的水分子越少、M—O 距离越小,金属离子对水分子的束缚能力越强[140]。表 4-3 为几种常见金属离子在水溶液中的性质(数据来源于文献[140,196])。根据上述理论可知,几种常见的金属离子中,Mg^{2+} 对水分子的束缚能力最强。因此在含有少量

Mg^{2+} 的水溶液中,气体会展现出更强的扩散能力。此外,矿物质对气体扩散系数的影响还体现在水溶液的有效间隙方面。矿物质会占据水溶液的有效间隙,而且金属离子较强的水合作用能力,会使得水分子聚集地更加紧密,促使有效间隙减小,进一步减小了气体的运移通道,降低了气体扩散系数。综上所述,在矿物质浓度较低时,矿物质的水合作用占据主导,促进气体在水溶液中的扩散。而当矿物质浓度较高时,则会极大地缩小水溶液有效间隙度,从而降低气体扩散系数。

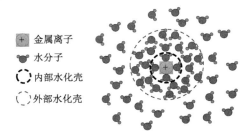

图 4-11　水合阳离子示意图

表 4-3　几种常见金属离子在水溶液中的性质

金属离子	离子半径/Å	水合阳离子	M—O 距离/Å
Na^+	1.09	$Na(H_2O)_6^+$	2.43
K^+	1.50	$K(H_2O)_8^+$	2.84
Ca^{2+}	1.12	$Ca(H_2O)_8^{2+}$	2.46
Mg^{2+}	0.76	$Mg(H_2O)_6^{2+}$	2.10

通过对比蒸馏水与矿井水溶液,可以间接分析得到可溶有机质会提高瓦斯在水溶液中的扩散能力。如前文所述,水溶液中的可溶有机质一般含有大量的有机基团,包括了疏水基团和亲水基团。而有机质对气体扩散能力的影响主要体现在两个方面:一方面,在液体表面,可溶有机质的疏水基团是朝向外部的,而瓦斯可以进入疏水基团中,这就使得瓦斯在气液交界面处更容易发生溶解,从而提升了气体的扩散系数;另一方面,瓦斯进入可溶有机质疏水基团后,可溶有机质会携带瓦斯气体进入溶液内部,使得瓦斯气体在液体内部发生扩散,这就极大地增加了瓦斯扩散运移的效率,从而大幅度提高其扩散系数[205-206]。

综上所述,瓦斯在矿井水中的扩散受到多方面的影响,而高压、高温、低浓度矿物质和可溶有机质都可在一定程度上提高瓦斯在水溶液中的扩散系数。

4.4 本章小结

为掌握瓦斯在水溶液中的扩散运移规律,本章通过实验测定了不同压力、温度、矿物质浓度及矿井水中的瓦斯扩散系数,然后从液体黏度、分子无规则运动、水溶液有效间隙、水合作用及可溶有机质的包裹携带作用等多个角度深入分析了不同因素对瓦斯扩散系数的影响机制,得出以下结论:

(1)瓦斯扩散系数随着压力的增加而增加,且增加的幅度逐渐趋于平缓。究其本质,是因为压力越高单位体积内的气体分子密度越大,使得气体分子在单位时间内碰撞次数增加,因此在压力较高的系统中,在单位时间内会有更多的气体分子与液体表面接触,从而造成气体分子更容易进入液体中,促使瓦斯扩散系数增加。此外,随着压力的增加,液体黏度增大,从而使得瓦斯扩散能力降低,造成瓦斯扩散系数的变化逐渐趋于平缓。

(2)瓦斯扩散系数随着温度的升高而增加。温度越高气体分子的无规则运动越剧烈,致使气体分子的扩散能力增强。此外,液体的黏度是由分子间内聚力引起的,随着温度的升高,分子的动能增加,使得内聚力减小,进而降低了液体黏度,增强了气体的扩散能力。

(3)瓦斯扩散系数随着矿物质浓度的增加呈先升高后降低的趋势。溶液中的金属离子可以与水分子发生水合作用,从而降低水分子对甲烷分子的束缚,提高气体的扩散能力。金属离子的水合作用能力受到电荷、离子半径和M—O距离等因素的影响,电荷越高、离子半径越小、M—O距离越小则金属离子对水分子的结合作用越强,水分子对气体分子的束缚就越弱,从而提升气体分子的扩散能力。此外,高浓度的矿物质会减小水溶液的有效间隙度,从而减少气体的运移通道,造成气体扩散系数下降。因此低浓度的矿物质有利于气体扩散,而高浓度的矿物质不利于气体扩散。

(4)通过对比矿井水和蒸馏水中瓦斯扩散系数,间接分析出水溶液中的有机质会提高瓦斯的扩散能力。一方面,在液体表面,有机质的疏水基团是朝向外部的,而瓦斯气体可以进入疏水基团中,这就使得瓦斯在气液交界面处更容易进入溶液中,从而提升了气体的扩散系数。另一方面,瓦斯进入可溶有机质疏水基团后,可溶有机质会携带瓦斯气体进入溶液内部,使得瓦斯在液体内部发生扩散,极大地增加了瓦斯扩散运移的效率,从而提高了瓦斯扩散系数。

5 瓦斯在饱和水煤体中的
扩散运移规律

前文研究了瓦斯在水溶液中的溶解-扩散运移规律,而瓦斯在饱和水煤体中的扩散运移则更加复杂,一方面会有部分瓦斯溶解在孔隙水中进行扩散运移,另一方面由于煤体的复杂性,瓦斯运移还会受到吸附作用和孔隙结构的影响。瓦斯在饱和水煤体中的扩散运移能力,影响着新型瓦斯压力测定方法的测试周期和水侵下向穿层钻孔的瓦斯抽采量。因此,掌握瓦斯在饱和水煤体中的扩散运移规律是深入研究水侵煤体瓦斯运移机制的重要环节。

本章将开展饱和水煤体瓦斯扩散运移规律实验,利用传统有效扩散系数计算模型,测试瓦斯气体在不同变质程度饱和水煤体中的有效扩散系数。在此基础上,将传统有效扩散系数计算模型进行改进,建立考虑煤吸附作用的饱和水煤体瓦斯有效扩散系数计算模型,并分析瓦斯压力、吸附效应和孔隙结构对瓦斯有效扩散系数的影响规律,最终掌握瓦斯在饱和水煤体中的扩散运移机制。

5.1 瓦斯在饱和水煤体中的有效扩散系数测定方法

5.1.1 实验样品

本书所选用的三种煤样分别为来自安徽省宿州市桃园煤矿的烟煤,安徽省淮北市杨庄煤矿的烟煤和山西省晋城市沁城煤矿的无烟煤。在进行有效扩散系数测定时,所用的煤样为 $\phi 50 \text{ mm} \times 100 \text{ mm}$ 的标准试样。

具体采样及制样方法如下:从矿井井下工作面处新鲜剥离的煤样中选取尺寸较大的原煤样品,在采样时,利用自带的保鲜膜对煤样进行包裹,防止煤样在运输过程中氧化而影响实验测定结果。煤样送至实验室后,立即进行切割,避免煤样因长时间放置脱水导致煤样在切割过程中破裂。在煤样加工时,尽量保证切割方向平行于煤层层理方向。将煤样加工成 $\phi 50 \text{ mm} \times 100 \text{ mm}$

的标准试样后,利用砂纸将煤样两端磨平。切割好的标准煤样如图 5-1 所示。

(a) (b)

图 5-1　实验用的标准煤样

5.1.2　有效扩散系数计算模型

（1）物理模型

图 5-2 为瓦斯在饱和水煤体中径向有效扩散系数测定的物理模型,在该模型中,饱和水煤体的顶部和底部两个横截面将被密封胶密封,因此在两个横截面处是不发生气体流动的。而瓦斯从饱和水煤体周围径向逐渐扩散到煤体内部。本章将通过 PVT 法监测瓦斯在向饱和水煤体内部扩散过程中的压力变化,然后基于菲克定律计算瓦斯在饱和水煤体中的有效扩散系数。

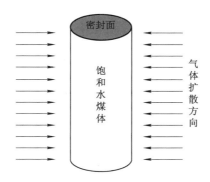

图 5-2　瓦斯在饱和水煤体中径向有效扩散系数测定的物理模型

（2）传统径向扩散数学模型

在利用传统径向扩散模型求解饱和水煤体中的气体有效扩散系数时,需要作出如下假设:

① 在实验过程中瓦斯的有效扩散系数保持恒定;

② 瓦斯在煤柱表面液相中的浓度保持恒定;

③ 煤体是均质的多孔介质；

④ 忽略在实验过程中因液体密度变化引起的自然对流；

⑤ 忽略由瓦斯溶解而产生的体积膨胀；

⑥ 忽略实验过程中饱和水煤体中的水分蒸发。

基于以上假设，根据菲克第二定律得出气体在多孔介质中一维径向扩散方程为[207-211]：

$$\frac{\partial c_p}{\partial t} = \frac{D_e}{r} \frac{\partial}{\partial t} \left(r \frac{\partial c_p}{\partial t} \right) \tag{5-1}$$

式中，c_p 为气体在饱和多孔介质中的浓度，$\mathrm{mol/m^3}$；t 为时间，s；D_e 为气体在饱和多孔介质中的有效扩散系数，$\mathrm{m^2/s}$；r 为到多孔介质中轴线的径向距离，m。

该模型的初始值及边界条件如下：

$$c_p = 0 (0 < r < r_0, t = 0) \tag{5-2}$$

$$c_p = c_{p0} (r = r_0, t \geqslant 0) \tag{5-3}$$

式中，c_{p0} 为在实验条件下瓦斯在饱和水煤体中的最大浓度，$\mathrm{mol/m^3}$；r_0 为标准试样的半径，本章中的样品半径为 0.025 m。

式(5-2)表示该模型的初始值，其物理意义为在零时刻饱和水煤体内的瓦斯浓度为 0 $\mathrm{mol/m^3}$。式(5-3)表示该模型的边界条件，其物理意义为一旦实验开始，瓦斯在饱和水煤体表面处的浓度即达到最大值，且不随时间变化而改变。

气体在饱和多孔介质中的溶解量可以表示为[208]：

$$\frac{c_p}{c_{p0}} = 1 - \frac{2}{r_0} \sum_{n=1}^{\infty} \frac{\exp(-D_e \alpha_n^2 t) J_0(r\alpha_n)}{\alpha_n J_1(r_0 \alpha_n)} \tag{5-4}$$

式中，$J_0(x)$ 为零阶第一类贝塞尔函数；$J_1(x)$ 为一阶第一类贝塞尔函数；α_n 为方程 $J_0(r\alpha_n) = 0$ 的正数解。

因此，在 t 时刻瓦斯在饱和水多孔介质中的扩散量为：

$$\frac{N}{N_\infty} = 1 - \sum_{n=1}^{\infty} \frac{4}{(r_0 \alpha_n)^2} \exp(-D_e \alpha_n^2 t) \tag{5-5}$$

式中，N 为在 t 时间内瓦斯在饱和水煤体中的溶解量，mol；N_∞ 为在无限长时间内瓦斯在孔隙水中的溶解量，即瓦斯在孔隙水中的极限溶解量，mol。

随着气体逐渐扩散溶解到饱和水多孔介质中，扩散腔体内的瓦斯压力会下降。根据气体状态方程，可以得出在 t 时刻扩散腔体内的瓦斯损失量：

$$\Delta n = \frac{\Delta p_{pg} V_d}{ZRT} \tag{5-6}$$

式中，Δn 为在 t 时间内扩散腔体内的瓦斯损失量，mol；Δp_{pg} 为在 t 时间内的压力降,Pa;V_d 为实验装置内的剩余空间,m^3;Z 为压缩因子;R 为普适气体常数,本书中取值 8.314 J/(mol·K);T 为实验温度,K。

根据质量守恒定律,扩散腔体内的瓦斯损失量等于饱和水多孔介质中的瓦斯溶解量,因此可得:

$$\Delta n = N \tag{5-7}$$

联立式(5-6)和式(5-7),可得:

$$\Delta p_{pg} = \frac{ZRTN_\infty}{V_d} \frac{N}{N_\infty} \tag{5-8}$$

在实际计算过程中,由于式(5-5)的计算过程较为复杂,因此,Z. W. Li 等[208]对其进行了简化:

$$\frac{N}{N_\infty} \approx \frac{4}{r_0}\sqrt{\frac{D_e \cdot t}{\pi}} \tag{5-9}$$

联立式(5-8)和式(5-9),可得:

$$\Delta p_{pg} = \frac{4ZRTN_\infty}{V_d r_0}\sqrt{\frac{D_e \cdot t}{\pi}} \tag{5-10}$$

在同一组实验条件下 Z、R、T、N_∞、V_d、r_0 和 D_e 均为定值,因此,式(5-10)可简化为:

$$\Delta p_{pg} = k_p \sqrt{t} \tag{5-11}$$

$$k_p = \frac{4ZRTN_\infty}{V_d r_0}\sqrt{\frac{D_e}{\pi}} \tag{5-12}$$

因此,整理式(5-12),可得:

$$D_e = \frac{\pi}{16}\left(\frac{k_p V_d r_0}{ZRTN_\infty}\right)^2 \tag{5-13}$$

根据式(5-11)可知,通过线性拟合扩散腔体中的瓦斯压力降 Δp_{pg} 和时间平方根 $\sqrt{t}$,即可得到 k_p,而将得到的 k_p 和其余各参数代入式(5-13)即可计算得到瓦斯在饱和水煤体中的有效扩散系数 D_e。

(3) 改进的有效扩散系数计算模型

式(5-13)就是传统的气体在饱和水多孔介质中的径向扩散系数计算模型。该模型计算气体在普通岩石内的扩散系数时具有较好的效果,但是不同于普通的岩石,煤体具有很强的吸附特性,即使是在饱和水煤体中,仍会有少部分孔隙不能被水完全填充。相关研究[212-215]表明,随着煤中水分的增加,煤体的瓦斯吸附量逐渐降低,但是当水分达到一定值时,吸附量不再随着水分的增加而降低,而是保持在一个定值。因此,即使在饱和水煤体中,仍会有一定量的瓦斯吸附在煤体中。在使用传统有效扩散系数模型计算时,得到的结果会有一定的偏差。

因此，本章将对传统有效扩散系数模型进行一定的改进，从而建立适用于饱和水煤体的有效扩散系数计算模型。在建立模型前，首先作出如下假设：

① 本小节第(2)部分作出的假设仍然成立；

② 不区分气体在孔隙水中的扩散和剩余孔隙中的扩散，将两者看作一个统一的过程；

③ 忽略压力差造成的渗流现象。由于是饱和水煤体，煤体吸附和气体溶解造成的压力变化相对较小，因此渗流现象几乎可以忽略。

根据上述假设，气体在饱和水煤体中的有效扩散系数可认为是：

$$D_{ae} = \frac{\pi}{16} \left(\frac{k_p V_d r_0}{ZRTN_{a\infty}} \right)^2 \tag{5-14}$$

式中，D_{ae} 为考虑剩余孔隙后气体在饱和水煤体中的有效扩散系数，m^2/s；$N_{a\infty}$ 为考虑吸附效应后，气体扩散到饱和水煤体中的极限量，mol。

根据上述假设，本章将气体在饱和水煤体中的极限扩散量分为两个部分，一部分是气体在孔隙水中的极限溶解量，另一部分是气体在剩余孔隙中的极限吸附量。因此可得：

$$N_{a\infty} = N_a + N_\infty \tag{5-15}$$

式中，N_a 为气体在饱和水煤体中的极限吸附量，mol。

而气体在孔隙水中的极限溶解量可表示为：

$$N_\infty = v_m \cdot c_s \tag{5-16}$$

式中，v_m 为饱和水煤体中水体积，m^3；c_s 为瓦斯在水溶液中的溶解度，mol/m^3。

为获得含水煤体中的气体吸附量，相关学者提出了众多的数学模型。目前，国内学者普遍采用水分修正项来获得含水煤体的瓦斯吸附量，该模型由苏联学者提出[214-219]，具体如下：

$$\frac{V_m}{V_{dr}} = \frac{1}{1 + \chi w} \tag{5-17}$$

式中，V_m 为一定压力条件下含水煤体的瓦斯吸附量，cm^3/g；V_{dr} 为一定压力条件下干煤的瓦斯吸附量，cm^3/g；χ 为水分修正系数，在本章中 TY、YZ 和 QC 煤样的水分修正系数分别取 0.32、0.23 和 0.15；w 为煤体中的含水率，介于 0 和平衡含水率（w_e）之间，%。

根据朗缪尔吸附模型可知，当温度一定时，煤体中的瓦斯含量与平衡压力的关系为：

$$V_{dr} = \frac{abp_e}{1 + bp_e} \tag{5-18}$$

式中，a 为某一压力下煤体的极限吸附量，cm^3/g；b 为吸附常数，MPa^{-1}，其倒数 $1/b$ 为朗氏压力；p_e 为吸附平衡时的瓦斯压力，MPa。

联立式(5-17)和式(5-18)可得：

$$V_m = \frac{abp_e}{(1 + \chi w)(1 + bp_e)} \tag{5-19}$$

如前文所述，随着含水率的增加，煤体瓦斯吸附量逐渐降低，但是当煤体中的水分达到平衡含水率时，煤体的瓦斯吸附量不再随含水率的变化而变化。因此，饱和水煤体的瓦斯吸附量可表示为：

$$V_m = \frac{abp_e}{(1 + \chi w_e)(1 + bp_e)} \tag{5-20}$$

因此，

$$N_a = \frac{m_c \cdot V_m}{1\,000 V_s} = \frac{m_c abp_e}{1\,000 V_s (1 + \chi w_e)(1 + bp_e)} \tag{5-21}$$

式中，m_c 为煤的质量，g；V_s 为标准状况下气体的摩尔体积，取 22.4 L/mol。因此，联立式(5-15)、式(5-16)和式(5-21)，可得：

$$N_{a\infty} = \frac{m_c abp_e}{1\,000 V_s (1 + \chi w_e)(1 + bp_e)} + v_m \cdot c_s \tag{5-22}$$

将式(5-22)代入式(5-14)，可得：

$$D_{ae} = \frac{\pi}{16}\left(\frac{k_p V_d r_0}{ZRT\left(\dfrac{m_c abp_e}{1\,000 V_s (1 + \chi w_e)(1 + bp_e)} + v_m \cdot c_s\right)}\right)^2 \tag{5-23}$$

式(5-23)即为考虑吸附作用后，气体在饱和多孔介质中的有效扩散系数计算模型。

5.1.3　实验装置及方法

（1）煤的平衡水分测试方法

为获得煤体的平衡水分，本章参考煤炭行业标准《煤的等温吸附试验中平衡水分的测定方法》(MT/T 1157—2011)和文献[214]中的平衡水分煤样制备方法进行煤的平衡水分测定。需要注意的是，煤炭行业标准中测定煤平衡水分是利用粉煤进行测定的，然而本章在实验过程中统一利用 ϕ50 mm×100 mm 的标准煤样进行饱和水煤体扩散实验，为了尽量减小误差，本章将煤炭行业标准中的测试过程稍加改进，从而更好地测试标准煤样的平衡水分，具体测试过程如下：

① 干燥：首先将切割好的标准原煤样放在真空干燥箱中，在 60 ℃ 条件下

真空干燥 24 h。干燥后将煤样称重并记录其质量。

② 饱水:将干燥好的煤样放入真空饱水装置中,真空饱水 24 h。

③ 配置过饱和硫酸钾:按照每 10 g 硫酸钾与 3 mL 蒸馏水的比例进行混合,从而配置一定量的过饱和硫酸钾溶液。

④ 平衡水煤样制备:将配置好的过饱和硫酸钾溶液放入干燥皿底部,然后将浸泡好的煤样放在铺有定性滤纸的干燥皿上层,最后将干燥皿密封好后,放入 30 ℃的恒温箱内。

⑤ 记录:每隔 24 h 将煤样取出,并称量其质量,直到两次称量的质量基本不再发生变化时,即认为达到水分平衡。

⑥ 数据处理:煤样的平衡水分计算公式如下:

$$w_e = \frac{G_2 - G_1}{G_2} \times 100\% \tag{5-24}$$

式中,w_e 为煤样的平衡水分,%;G_1 为平衡后样品质量,g;G_2 为干燥样品质量,g。

(2) 瓦斯在饱和水煤体中的有效扩散系数测试装置及方法

本章依据传统的 PVT 法设计了饱和水煤体中瓦斯有效扩散系数测定装置,该实验装置主要由供气系统、恒温浴槽、扩散腔体、数据采集器、计算机和集水装置等部分组成。本章所使用的扩散腔体为自主加工制成,极限耐压为16 MPa。数据采集器由常州智博瑞仪器制造有限公司生产制造,具有 8 个测试通道,可同时进行 8 组实验数据的采集,采集时间间隔为 1～10 000 ms。具体测试系统如图 5-3 所示。

瓦斯在饱和水煤体中的有效扩散系数测定方法如下:

① 制备饱和水煤体:将切割好的标准原煤试件在 60 ℃条件下真空干燥24 h,干燥完成后称重并记录其质量。然后,将干燥好的标准原煤试件放入真空饱水机中浸泡 24 h,制作饱和水煤体,待煤体完全饱和水后,用干净的纸巾将煤体表面的水擦拭干净,再次称重,并计算煤体的饱和含水率 w_s。

② 气密性检测:在每次实验开始前,应首先对扩散腔体进行气密性检测。向扩散腔内注入高压(10 MPa)气体,关闭所有阀门,然后打开恒温浴槽开关,使其保持在 30 ℃条件下,观测压力传感器数值,如果在 24 h 内无变化则认为气密性良好。

③ 注水排气:将饱和水煤体顶底两个端面贴上密封胶带,然后放入扩散腔体内。同时打开 A,B,C 三个阀门,通过注射器从阀门 C 处将蒸馏水注射到扩散腔体内,直到有不间断的水溶液从阀门 B 流入集水烧杯后,表明扩散腔体内的空气已被完全排出,同时关闭 A,B,C 三个阀门。

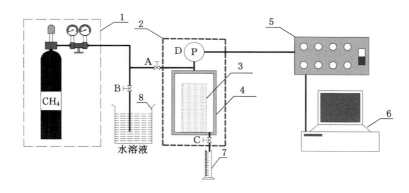

1—供气系统；2—恒温浴槽；3—饱和水煤体；4—扩散腔体；
5—数据采集器；6—计算机；7—集水量筒；8—集水烧杯；
A、B、C—阀门，D—压力传感器。

图 5-3 瓦斯在饱和水煤体中的有效扩散系数实验系统示意图

④ 注气排水：调节甲烷减压阀门至预设压力，然后依次打开气体总阀门、阀门 A、阀门 C，使得扩散腔体内多余的水分在气体的压力下被驱赶进入集气量筒内，直到没有多余的水流出。然后关闭阀门 C，观察压力传感器 D，待到压力传感器的读数达到预设压力时，关闭阀门 A，并依次关闭注气系统的总阀门和减压阀门，最后将扩散腔体放入恒温浴槽内。

⑤ 数据采集：通过计算机打开数据采集系统软件，依据传感器配置设置输入电压等参数，将采集时间间隔设置为 1 s。然后通过计算机记录扩散腔体内的压力变化，总记录时间一般大于 5 d。

⑥ 数据处理：由于数据采集间隔较短、采集时间长，总数据量较大，但是压力变化却较缓。因此，在处理数据时，将每 6 h 的压力降数据进行平均，然后绘制压力降曲线，进行数据拟合。

改变预设平衡压力和煤样，重复上述实验过程，获得不同实验条件下的瓦斯有效扩散系数，具体实验方案见表 5-1。

表 5-1 瓦斯在饱和水煤体中的有效扩散系数实验方案

样品	预设平衡压力/MPa	温度/℃
TY 煤样	2	30
YZ 煤样	0.5～4	30
QC 煤样	2	30

（3）NMR实验测试煤体孔隙结构

煤体是一种复杂的多孔介质，气体的有效扩散系数必定受到煤体孔隙结构的影响。在本书的第2章中，通过低温N_2吸附实验和CO_2吸附实验测试了水侵前后煤体的孔隙结构变化规律，但是实验所用煤样均为筛分后的粉煤，而本章节在进行气体有效扩散系数测定时，使用的是标准煤柱。因此，为了更准确地反映孔隙结构对气体有效扩散系数的影响，本章将通过NMR实验对扩散实验所使用的标准煤试件进行孔隙结构分析，从而掌握孔隙结构对气体有效扩散系数的影响规律。

本章中核磁共振实验采用的是MINI MR型岩心核磁共振分析仪，可实现岩心分析和成像功能，如图5-4所示。NMR实验可以通过测量煤样孔隙中流体的弛豫时间T_2来获取孔隙（裂隙）的分布情况及连通性，因此本章将分别对饱和水条件下的煤样和离心条件下的煤样进行NMR测试。饱和水煤样是指煤样完全饱和水时的煤样，此时煤中的所有孔隙都被水分占据，NMR测试的T_2图谱可以反映探测过程中煤体所有孔隙的分布情况（包括封闭孔和开放孔），而对饱和水煤样进行离心后（离心煤样），煤体中的自由水分被脱除，对离心煤样进行NMR测试所得到的T_2图谱则可以反映煤样中的封闭孔信息。通过对比两种状态下的T_2图谱即可得到煤样开放孔隙、封闭孔隙和总孔隙的信息，实验数据处理过程可参考文献[220-223]。

图5-4　MINI MR型岩心核磁共振分析仪

5.2　瓦斯在饱和水煤体中的有效扩散系数测定结果及分析

5.2.1　不同变质程度煤体的饱和含水率及平衡水分

为了确定饱和水煤体的瓦斯吸附量,应首先对煤体的平衡水含量进行测试,图 5-5 为不同变质程度煤样含水率随时间的变化规律。从图中可以看出,随着时间的增加,不同变质程度煤样的含水率逐渐降低,且变化趋势都是先迅速降低然后再趋于平衡。TY、YZ 和 QC 煤样的饱和含水率分别为 7.22%、4.04% 和 1.63%,而三种煤样的平衡含水率分别为 4.98%、3.20% 和 1.53%。通过对比可知,饱和含水率和平衡含水率均随着煤样变质程度的增加而逐渐降低。此外,通过观察含水率的变化曲线可知,TY 煤样在第 9 d 含水率逐渐趋于稳定,YZ 煤样在第 8 d 含水率逐渐趋于稳定,而 QC 煤样则在第 7 d 含水

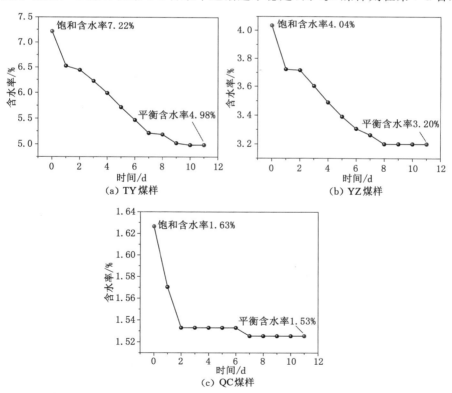

图 5-5　不同变质程度煤样含水率随时间的变化规律

率就逐渐趋于稳定。这表明,煤样变质程度越高,达到平衡水分所需要的时间就越短。而且,TY、YZ和QC煤样的饱和含水率与平衡含水率之间差值分别为2.24%、0.84%和0.10%,分析认为,导致不同煤样含水率差异的主要原因是煤样的亲水性和孔隙结构的不同。煤样的亲水性越强、孔隙率越高则导致煤体的含水率越高。反之,则煤样的含水率越低。而且,随着变质程度的升高,煤体微小孔隙更加发育,致使水分不容易流失,因此随着变质程度的升高,煤体达到平衡水分所需要的时间越短。

5.2.2　不同有效扩散系数计算模型对比

表5-2为有效扩散系数模型改进前后的瓦斯有效扩散系数对比。从表中可以看出,模型改进前后所计算出来的有效扩散系数相差十分巨大,可以达到5~6个数量级,本章改进后的有效扩散系数计算模型明显低于传统径向模型所计算出来的数值。通过前文研究可知,不同条件下瓦斯在水溶液中的扩散系数范围为 $1.38 \times 10^{-9} \sim 6.05 \times 10^{-9}$ m²/s,然而通过传统模型计算出来的饱和水煤体瓦斯有效扩散系数甚至高于瓦斯在纯水溶液中的扩散系数,这明显与实际情况相违背。

表5-2　有效扩散系数模型改进前后的瓦斯有效扩散系数对比

样品	压力 /MPa	温度/℃	吸附常数		干燥煤样质量 /g	饱和水煤样质量/g	拟合曲线斜率 /(Pa/s^0.5)	有效扩散系数	
			a /(cm³/g)	b /MPa⁻¹				改进前 /($\times 10^{-7}$ m²/s)	改进后 /($\times 10^{-12}$ m²/s)
TY煤样	0.5	30	17.22	0.78	222.71	240.03	19.25	3.44	3.21
TY煤样	1	30	17.22	0.78	222.71	240.03	34.03	2.90	3.98
TY煤样	2	30	17.22	0.78	222.71	240.03	59.45	2.23	6.11
TY煤样	3	30	17.22	0.78	222.71	240.03	86.36	1.90	9.70
TY煤样	4	30	17.22	0.78	222.71	240.03	164.61	3.81	30.40
YZ煤样	2	30	18.27	0.57	254.69	265.40	63.70	6.70	3.26
QC煤样	2	30	26.36	0.96	258.87	263.15	89.52	82.83	1.03

尽管众多学者利用传统模型实验测得了不同条件下饱和水(油)多孔介质中的气体有效扩散系数,且结果多在 $10^{-11} \sim 10^{-9}$ m²/s 范围内,但是相关实验所使用的样品均为岩石样品,其孔隙率为 10%~20%,而且普通岩石样品不具有吸附能力或者吸附能力较低[207-208]。本章所使用的样品为煤,其孔隙率较低,一般在5%左右,甚至更低。而且,不同于普通岩石,煤样具有强烈的吸

附特性,即使是在饱和水煤体中,仍然会有一定量的瓦斯气体吸附在煤基质中,因此气体在普通的饱和水岩石中的扩散机制与气体在饱和水煤体中的扩散机制必然不同。

在使用传统径向模型计算饱和水煤体瓦斯有效扩散系数时,只考虑了瓦斯在水溶液中溶解消耗的瓦斯,而忽略了瓦斯在煤中的吸附量,从而导致传统径向模型的计算结果与实际情况存在明显的偏差。为了考虑煤基质吸附作用对瓦斯有效扩散系数的影响,本章通过朗缪尔方程描述了气体在多孔介质中的吸附量,然后采用线性修正公式推算饱和水煤体中的瓦斯吸附量,在传统径向扩散模型的基础上对其进行改进,从而推导出考虑吸附作用后瓦斯在饱和水煤体中的有效扩散系数计算模型,并通过实验测得不同条件下瓦斯在饱和水煤体中的有效扩散系数。

本章共测试了三种不同变质程度煤样在不同实验压力下的瓦斯有效扩散系数。通过表 5-2 可以看出,模型改进后,瓦斯气体在饱和水煤体中的有效扩散系数为 $1.03 \times 10^{-12} \sim 3.04 \times 10^{-11}$ m²/s,测试结果明显更接近实际情况。

5.2.3 瓦斯在饱和水煤体中的有效扩散系数变化规律

(1) 不同初始压力对瓦斯有效扩散系数的影响规律

图 5-6 为不同压力条件下瓦斯在饱和水煤体中的压力降及拟合曲线。从图中可以看出,在测试过程中,实验系统内的瓦斯压力逐渐降低,且压力降与时间的平方根呈明显的线性关系,通过对其进行线性拟合可知,各拟合曲线的相关性系数均达到了 0.99。不同于瓦斯在纯水溶液实验系统的压力降曲线,除去初始时刻的数据点,饱和水煤体扩散实验系统内的压力降并没有呈现出明显的两段趋势。分析认为,在纯水溶液中的初始阶段,瓦斯迅速溶解导致对流现象的发生,从而加速了气体在水溶液中的溶解,促使初始阶段瓦斯压力降变化较大。但是在饱和水煤体中,煤体孔隙率较小,且扩散路径以径向扩散代替了轴向扩散,导致对流现象减弱,因此,瓦斯在饱和水煤体中的扩散速度更加均一,从而避免了分段现象的出现。

此外,随着实验初始压力的增加,瓦斯在饱和水煤体扩散实验系统内的压力降也逐渐增加。分析认为,这主要由以下三个方面导致:① 压力增加导致气体在孔隙水中的溶解度增加;② 压力增加后,饱和水煤体的气体吸附量增加;③ 尽管实验所用煤样是饱和水煤体,但是仍然会存在少数不被水占据的孔隙,因此当压力较高时,气体容易被压入煤体孔隙中,从而导致气体在饱和水煤体内部发生扩散,加速了瓦斯气体在饱和水煤体中的扩散,促使压力降低。

图 5-7 为模型改进后不同压力条件下饱和水煤体中的瓦斯有效扩散系数

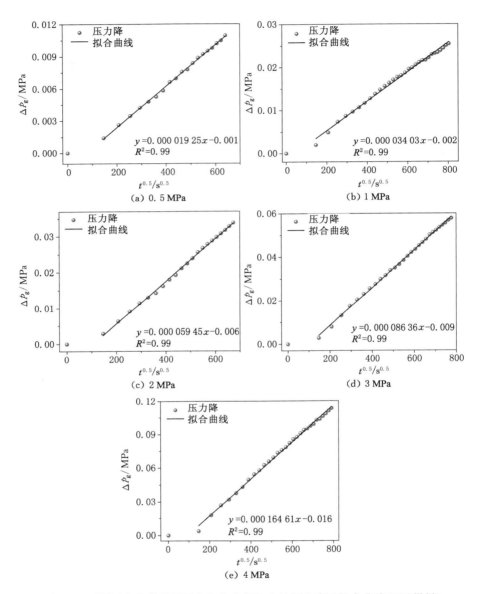

图 5-6　不同压力条件下瓦斯在饱和水煤体中的压力降及拟合曲线（TY 煤样）

变化规律。从图中可以看出，随着压力的增加，瓦斯气体在饱和水煤体中的有效扩散系数逐渐增加，且增加趋势类似于指数曲线，即在低压时增加幅度比较平缓，而随着压力的增加，增加幅度愈加明显。根据式（5-23）可知，压力降与时间平方根的拟合斜率越大,有效扩散系数越大;瓦斯在饱和水煤体中的吸附量与溶解量总值越大,有效扩散系数则越小。由图 5-6 可知,压力降与时间平方根的拟合斜率随着压力的增加是逐渐增加的,而且压力越高,增加幅度越明显。然而,饱和水煤体中的瓦斯吸附量要大于瓦斯在孔隙水中的溶解量,而吸附量曲线又符合朗缪尔曲线,即在初始阶段,瓦斯吸附量增幅明显,而随着压力的增加瓦斯吸附量逐渐趋于平缓。因此,结合以上两点可知,压力越高,必然造成瓦斯有效扩散系数增幅越明显。

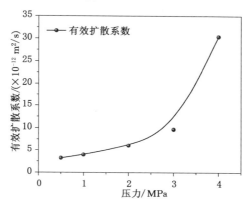

图 5-7　模型改进后不同压力条件下饱和水煤体中的
瓦斯有效扩散系数变化规律(TY 煤样)

此外,尽管本章实验所用煤样是饱和水煤体,但是仍然会存在少数不被水分占据的孔隙,因此当压力较高时,气体容易被压入煤体孔隙内部,从而导致气体在饱和水煤体内部发生扩散。相较于纯粹的径向扩散,当气体在饱和水煤体内部发生扩散时,气体与煤体接触面积增加,扩散路径增多,致使瓦斯有效扩散系数增大。

(2)煤体变质程度对瓦斯有效扩散系数的影响规律

图 5-8 为相同实验条件下不同变质程度饱和水煤体中的瓦斯压力降及拟合曲线。从图中可以看出,不同变质程度饱和水煤体中的瓦斯压力降曲线所呈现出的变化趋势是基本一致的,都是随着时间的增加,瓦斯压力降逐渐增加。而且,通过对瓦斯压力降曲线进行线性拟合可知,各拟合曲线的相关性系数均达到了 0.99。随着煤体变质程度的增加,相同测试时间范围内的瓦斯压力降也逐渐升高。分析认为,饱和水煤体扩散实验系统内的瓦斯压力降主要由两方面原因造成:一方面是孔隙水的溶解,另一方面是饱和水煤体对瓦斯的吸附。尽管随着变质程度的增加,饱和水煤体的含水率逐渐降低,导致孔隙水

溶液中的瓦斯溶解量减小。但是,相对于煤体对瓦斯的吸附而言,孔隙水对瓦斯的溶解量只是一小部分。而且,随着煤体变质程度的增加,煤体的平衡含水率与水分修正系数是逐渐降低的,但是极限吸附量是逐渐增加的,这导致在相同实验条件下,随着煤体变质程度的增加,瓦斯在饱和水煤体中的吸附量逐渐增加,因此导致上述现象的发生。

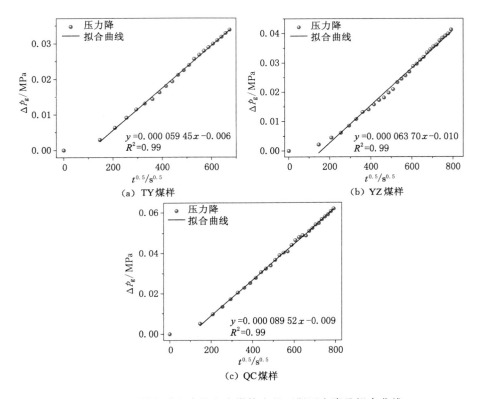

图 5-8　不同变质程度饱和水煤体中的瓦斯压力降及拟合曲线

图 5-9 为模型改进后不同变质程度饱和水煤体中的瓦斯有效扩散系数。从图中可以看出,随着煤体变质程度的增加,瓦斯在饱和水煤体中的有效扩散系数逐渐降低。分析认为,由以下三个方面决定着瓦斯在饱和水煤体中有效扩散系数的变化规律:气体在孔隙水中的扩散能力、煤体的吸附能力和孔隙结构。

首先,本章在制备饱和水煤体时使用的是蒸馏水,尽管在浸泡过程中可能会由于煤的性质不同导致水溶液中的物质成分不同,但是其变化相对较小,因此在分析时,忽略孔隙水溶质成分不同所造成的影响。

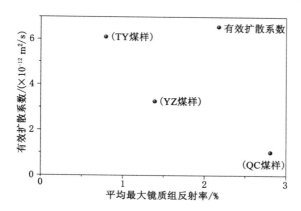

图 5-9 模型改进后不同变质程度饱和水煤体中的瓦斯有效扩散系数

其次,煤体吸附能力越强,则煤体对瓦斯的束缚能力也就越强,致使瓦斯在饱和水煤体中扩散时受到的束缚力就越强。从表 5-2 可以看出,随着煤体变质程度的增加,煤体的极限吸附量逐渐增加,这表明,随着煤体变质程度的增加,煤体对瓦斯的吸附能力逐渐增加,导致变质程度较高的煤体对瓦斯的束缚能力更强,因此随着煤体变质程度的增加瓦斯在饱和水煤体中的有效扩散系数逐渐降低。

最后,孔隙结构是影响瓦斯在饱和水煤体中有效扩散系数的关键因素。煤体的孔隙结构越简单、孔隙率越高、孔隙连通性越好,则越有利于瓦斯在煤体中的扩散。图 5-10 为不同变质程度煤样的 NMR 孔隙结构测试结果。如前文所述,煤体饱水状态时所测的孔隙为煤体的总孔隙,而离心状态时测得的孔隙为束缚孔隙,总孔隙与束缚孔隙之差即为自由孔隙。而为了方便理解及前后文统一,在本书中,将束缚孔隙统称为封闭孔隙,而自由孔隙统称为开放孔隙。

相关学者[224]认为,弛豫时间 T_2 与煤中的孔径呈正比关系,对于煤而言,当弛豫时间 T_2 小于 10 ms 时,所测的孔径范围代表煤体的微孔,在 $10 \sim 100$ ms 范围内所测的孔径范围为中孔,而大于 100 ms 所测的孔径范围为大孔。由图 5-10 可以看出,当煤体变质程度较低时(TY 煤样和 YZ 煤样),煤体孔径主要由微孔和中孔组成,但对于高变质程度煤(QC 煤样),煤体孔径主要由微孔组成。由图 5-9 可知,随着煤体变质程度的升高,瓦斯在饱和水煤体中的有效扩散系数呈逐渐降低的趋势。从孔径尺寸来讲,孔径尺寸越小必然越不利于瓦斯扩散,而孔隙尺寸越大,则越有利于瓦斯扩散。而三种煤样的 T_2 图谱所测的孔径范围与有效扩散系数测试结果是相互印证的。

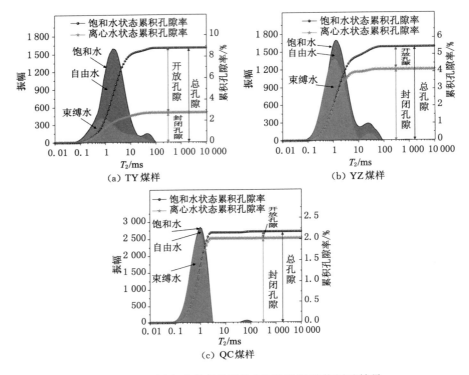

图 5-10　不同变质程度煤样的 NMR 孔隙结构测试结果

　　孔隙率的大小及孔隙连通性也是影响瓦斯有效扩散系数的关键。通过计算可以得到不同变质程度煤的开放孔孔隙率、封闭孔孔隙率及其占总孔隙率的比例,计算结果如图 5-11 所示。三种煤样的总孔隙率分别为 8.83%(TY煤样)、5.46%(YZ 煤样)和 2.18%(QC 煤样),总孔隙率是随着煤体变质程度的升高而逐渐降低。通过对比饱和水煤体与离心煤体的 T_2 图谱面积可知,随着煤体变质程度的增加,饱和水煤体与离心煤体的 T_2 图谱差别逐渐增大,这表明随着煤体变质程度的增加,煤中的封闭孔占比逐渐增加。通过计算可知,TY 煤样的开放孔孔隙率为 6.06%、封闭孔孔隙率为 2.77%,分别占总孔隙率的 69% 和 31%;YZ 煤样的开放孔孔隙率为 1.31%、封闭孔孔隙率为 4.15%,分别占总孔隙率的 24% 和 76%;QC 煤样的开放孔孔隙率为 0.15%、封闭孔孔隙率为 2.03%,分别占总孔隙率的 7% 和 93%。可以看出,随着煤体变质程度的增加,煤体开放孔孔隙率逐渐降低,且开放孔孔隙率占总孔隙率的比例也是逐渐降低的。尽管封闭孔孔隙率呈现出先增高后降低的趋势,但是封闭孔孔隙率的占比却是随着煤体变质程度的增加逐渐升高的,尤其是

QC 煤样,其封闭孔孔隙率占据了总孔隙率的 93%,这与文献[225-229]的实验结果是一致的。分析可知,煤体孔隙率越高,则越有利于瓦斯在煤体中的扩散。此外,封闭孔孔隙率占比越高,煤体孔隙的连通性越差,瓦斯有效扩散系数则越低。

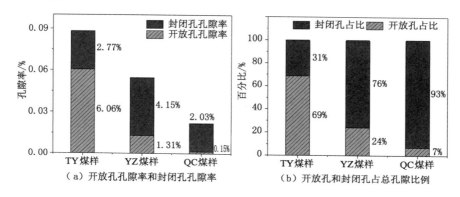

(a) 开放孔孔隙率和封闭孔孔隙率　　(b) 开放孔和封闭孔占总孔隙比例

图 5-11　不同变质程度煤样的孔隙类型占比

5.3　不同因素对饱和水煤体中瓦斯有效扩散系数的影响机制

本章首先建立了饱和水煤体中瓦斯有效扩散系数的计算模型,然后对比验证了该模型的优越性,并通过实验研究了瓦斯在不同饱和水煤体中的有效扩散系数变化规律。本节将结合实验研究成果,总结瓦斯在饱和水煤体中的扩散运移规律,掌握各因素对瓦斯有效扩散系数的影响机制。

(1) 溶液性质对瓦斯有效扩散系数的影响

瓦斯在饱和水煤体中的扩散由两个部分组成,一部分是气体在孔隙水中的扩散,另一部分是气体在残余孔隙中的扩散。影响气体在孔隙水中扩散的主要影响因素由压力、温度和液体成分三个方面组成。在 4.3 节中已经详细阐述了各影响因素对水溶液中瓦斯气体扩散系数的影响机制,该部分同样适用于瓦斯在孔隙水中的扩散。因此,详细分析请参见 4.3 节相关内容,此处不再赘述。

(2) 压力对瓦斯有效扩散系数的影响

前文实验结果可知,随着压力的增加,单位体积内的气体分子密度越大,使得气体分子在单位时间内碰撞次数增加,因此在压力较高的系统中,气体分子更容易进入煤体内部,从而导致气体在饱和水煤体内发生扩散。相较于纯粹的径向扩散,当气体在饱和水煤体内部发生扩散时,气体与煤体接触面积增加,扩散路径增多,从而导致压力越高所测得的有效扩散系数越大。

(3)孔隙结构对瓦斯有效扩散系数的影响

孔隙结构对瓦斯有效扩散系数的影响主要表现在三个方面:孔隙率、孔径尺寸和孔隙连通性。首先是孔隙率,一般来说煤体的孔隙率越高,越有利于瓦斯扩散,其有效扩散系数越大。其次是孔径尺寸,相关研究[95-97]表明,瓦斯在煤中的扩散可以分为大孔的快速扩散和微小孔隙的缓慢扩散两个部分,而且气体在大孔中的扩散系数要远大于气体在微小孔隙中的扩散系数。由前文实验结果可知,随着煤体变质程度的增加,煤体的孔隙结构逐渐由微孔和中孔主导转变为微孔主导,这说明随着煤体变质程度的增加,煤体微小孔隙的占比逐渐增加,因此导致瓦斯的有效扩散系数降低。最后,煤体的孔隙连通性也是影响煤体有效扩散系数的关键,煤体孔隙连通性越好,煤体的孔隙迂曲度越低,瓦斯在煤体中的有效扩散路径也就越短。而煤体孔隙的连通性越差,煤体的孔隙迂曲度越高,瓦斯在煤体中的扩散路径就越曲折。从 NMR 实验测试结果可以看出,随着煤体变质程度的增加,煤体封闭孔隙的占比是逐渐增加的,这说明其孔隙的连通性随着煤体变质程度的增加而逐渐降低,从而导致瓦斯在饱和水煤体中的有效扩散系数降低。

(4)吸附能力对瓦斯有效扩散系数的影响

随着煤体水分的增加,煤体对瓦斯吸附量逐渐降低,但是当水分增加到一定程度时(通常是达到平衡水分后),煤体对瓦斯的吸附量就不再变化。因此,即使是在饱和水煤体中,仍然会有瓦斯吸附在煤体表面。而煤体的吸附特性影响着气体在这些残余孔隙中的扩散能力,吸附能力越强,煤体对瓦斯的束缚能力就越强,瓦斯气体的扩散运移能力也就减弱。而吸附能力与煤体的孔隙结构和温度有着密切的关系。对于孔隙结构来讲,煤体微小孔隙越多,比表面积越大,则越有利于煤体吸附,瓦斯的扩散能力也就相对较弱,这与前文关于孔隙结构对瓦斯扩散性能的影响是一致的。关于温度对吸附性能的影响比较简单,即温度越高,气体分子热运动越强烈,煤对气体的吸附能力也会降低,因此温度越高,气体在饱和水煤体中的有效扩散系数也越强。

5.4　本章小结

为研究瓦斯在饱和水煤体中的扩散运移规律,本章首先构建了考虑吸附效应的饱和水煤体瓦斯有效扩散系数计算模型,并通过与传统有效扩散系数计算模型对比,验证了该模型的优越性。然后分析了不同变质程度饱和水煤体中的瓦斯有效扩散系数变化规律,并通过 NMR 实验测试了原煤煤样的孔隙结构特征,在此基础上,理论分析了压力、孔隙结构和吸附效应对瓦斯有效扩散系数的影响机制。主要结论如下:

(1)理论构建了考虑吸附效应的饱和水煤体瓦斯有效扩散系数计算模型,通过与传统有效扩散系数计算模型对比可知,传统模型所测得的有效扩散系数明显偏大,而改进后的有效扩散系数计算模型所得到的测试结果更接近于实际情况。这说明,本章所构建的有效扩散系数模型更适合计算煤等具有强烈吸附能力的多孔介质的气体有效扩散系数。

(2)实验测试了不同变质程度煤体的含水率变化规律,随着煤体变质程度的增加,煤体的饱和含水率和平衡含水率都逐渐降低。此外,在平衡水分测试过程中,随着煤体饱和含水率的增加,煤体达到平衡水分所需的时间就越长。

(3)通过自主设计的饱和水煤体中瓦斯有效扩散系数实验系统,实验测得了不同变质程度饱和水煤体的瓦斯有效扩散系数。结果表明,瓦斯在饱和水煤体中的有效扩散系数随着压力的增加而增加,随着煤体变质程度的增加而降低。

(4)通过 NMR 实验测试了不同变质程度原煤煤样的孔隙结构变化规律。结果表明,随着煤体变质程度的增加,煤体孔隙尺寸逐渐由微孔和中孔主导转变为微孔主导。而煤体总孔隙率和开放孔孔隙率逐渐降低,封闭孔孔隙率呈先增高后降低的趋势。通过对比可知,随着煤体变质程度的增加,煤体开放孔占比逐渐降低,而封闭孔占比却逐渐升高,这表明随着煤体变质程度的增加煤体孔隙的连通性越来越差。

(5)理论分析了压力、孔隙结构和吸附能力对饱和水煤体中瓦斯有效扩散系数的影响机制。结果表明,压力的增加可以使瓦斯更容易进入饱和水煤体内部,促使瓦斯在煤体内发生扩散,从而提高瓦斯有效扩散系数;孔隙率越高,越有利于瓦斯在煤中的扩散,孔隙尺寸越小瓦斯有效扩散系数越低,且孔隙连通性较差的煤体会延长气体分子的有效扩散路径从而降低瓦斯的有效扩散系数;而煤体吸附能力越强,对瓦斯的束缚能力就越强,致使瓦斯有效扩散系数越低。

6 水侵煤体瓦斯运移数学模型及工程应用

如何提高水侵测压钻孔瓦斯压力测定的成功率是瓦斯防治工作的重要环节,本章将在前文的研究基础上,提出基于瓦斯溶解量的水侵钻孔瓦斯压力测定方法,并建立瓦斯在水侵测压钻孔中的运移数学模型,结合前文实验数据,通过数值模拟的方法,分析不同因素对新型瓦斯压力测定方法的影响,然后研制出基于瓦斯溶解量的水侵钻孔瓦斯压力测定装备,并进行现场工程试验。

本章将建立水侵下向抽采钻孔瓦斯运移数学模型,通过数值模拟的方法分析不同因素对瓦斯抽采量的影响,在此基础上,利用该模型预测水侵下向穿层钻孔的瓦斯抽采量,并进行工程验证,为水侵煤层的瓦斯防治工作提供理论基础。

6.1 水侵测压钻孔瓦斯运移数学模型及新型瓦斯压力测定方法

6.1.1 水侵测压钻孔瓦斯运移模型

（1）水侵测压钻孔瓦斯运移物理模型

煤层瓦斯压力测定是矿井瓦斯防治工作的重要环节,然而在富含水的煤系地层中,由于封孔质量不佳,地层水通常会通过钻孔侵入煤层。这些地层水首先会在钻孔内聚集,然后逐渐由钻孔侵入煤层,并储存在煤层的原生裂隙之中,同时不断进入煤体微小孔隙内,最终达到稳定状态。在这个过程中,地层水会将钻孔周围的煤体润湿,可将煤体划分为 3 个区域,由钻孔至煤层远端分别为饱和水煤体区域、不饱和水煤体区域和原始煤体区域。而且,当地层水达到稳定状态时,煤层中饱和水煤体区域与不饱和水煤体区域交界处的孔隙压力应等同于瓦斯压力。普遍认为,当煤层中的水分达到 5％～6％时就为饱和水状态,而饱和水煤层区域只占煤层润湿区域的极小部分,具体见图 6-1。在地层水侵入煤层并达到稳定状态后,煤层中的瓦斯在孔隙压力的作用下会溶解到孔隙水中,并且由饱和水煤层区域向钻孔内部逐渐扩散,最终在钻孔水中达到稳定状态。

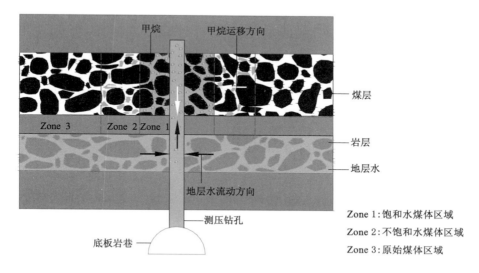

图 6-1 水侵测压钻孔瓦斯运移物理模型图

（2）水侵测压钻孔瓦斯运移数学模型

溶解在饱和水煤体中的瓦斯气体在运移时符合菲克定律,随着瓦斯气体在孔隙水中的溶解扩散,孔隙水的密度会发生变化,此时在密度差的驱动下孔隙中的水溶液会发生对流,即溶解有瓦斯的水溶液会携带瓦斯在孔隙中运移,其运移方式符合达西定律。然后,由于孔隙水的对流运移,煤层所受到的有效应力会发生改变,从而造成煤层的孔隙率处于一个动态的变化过程,而动态孔隙率会反之影响流体的扩散和对流。随着时间的推移,瓦斯会由饱和水煤体中逐渐运移到充满水的钻孔内,在钻孔内继续发生扩散和对流,其运移方式分别符合菲克定律和层流规律。为了描述整个物理运移过程,本小节将建立各个物理场的控制方程,分别如下:

① 煤体变形控制方程:本部分将基于单孔弹性理论建立饱和水煤体变形控制方程。

众多研究表明,有效应力是影响煤层孔隙率的重要参数之一,本小节采用单孔介质模型来描述有效应力对煤体变形的影响[230]:

$$\sigma_{ij}^e = \sigma_{ij} - \alpha p \delta_{ij} \tag{6-1}$$

式中,σ_{ij}^e 为有效应力,MPa;σ_{ij} 为盖层压力,MPa;p 为孔隙压力,MPa;

δ_{ij} 为 Kronecker 符号,如果 $i \neq j$,则 $\delta_{ij} = 0$,如果 $i = j$,则 $\delta_{ij} = 1$;α 为煤体有效应力系数,即 Biot 系数,$\alpha = 1 - K/K_s$;K 为煤的体积模量,MPa,$K = E/[3(1-2\upsilon)]$;E 为煤的弹性模量,MPa;υ 为泊松比;K_s 为煤体骨架体积模量,MPa,$K_s = E_s/[3(1-2\upsilon)]$;$E_s$ 为煤骨架弹性模量,MPa。

煤体变形属于小变形,其几何方程为:

$$\varepsilon_{ij} = \frac{1}{2}(u_{i,j} + u_{j,i}) \tag{6-2}$$

式中,ε_{ij} 为应变张量分量;$u_{i,j}$ 和 $u_{j,i}$ 为位移分量。

忽略惯性力作用,平衡微分方程为:

$$\sigma_{ij,j} + f_i = 0 \tag{6-3}$$

式中,$\sigma_{ij,j}$ 为应力张量分量,MPa;f_i 为体积力分量,MPa。

基于孔弹性理论,饱和水煤体的本构方程为:

$$\varepsilon_{ij} = \frac{1}{2G}\sigma_{ij} - \left(\frac{1}{6G} - \frac{1}{9K}\right)\sigma_{kk}\delta_{ij} + \frac{\alpha}{3K}p\delta_{ij} \tag{6-4}$$

式中,G 为煤的剪切模量,MPa,$G = E/[2(1+\upsilon)]$;σ_{kk} 为正应力分量,MPa,$\sigma_{kk} = \sigma_{11} + \sigma_{22} + \sigma_{33}$;$p$ 为孔隙压力,MPa。

联立式(6-1)~式(6-4)可得 Navier 形式公式[231-235]:

$$Gu_{i,jj} + \frac{G}{1-2\upsilon}u_{j,ji} - \underbrace{\alpha p_{,i}}_{I} + f_i = 0 \tag{6-5}$$

式中,$u_{i,jj}$ 和 $u_{j,ji}$ 为位移分量;$p_{,i}$ 为孔隙压力分量;I 项为孔隙压力对煤体变形的影响,在数值模拟中用体积力表示。

② 多孔介质中液体对流控制方程:本部分将基于达西定律建立多孔介质中由于密度差所产生的液体对流控制方程。

本小节使用达西定律来描述多孔介质中由于密度差所引起的液体对流,而渗透率是描述对流不可缺少的参数,渗透率与孔隙率的关系可由下式表示[236]:

$$\frac{k_1}{k_{10}} = \left(\frac{\varphi}{\varphi_0}\right)^3 \tag{6-6}$$

式中,k_1 和 k_{10} 分别为煤层的液体渗透率和液体初始渗透率,m^2;φ 和 φ_0 分别为煤层的孔隙率和初始孔隙率。

忽略煤基质的吸附膨胀变形,孔隙率可表示为[12]:

$$\varphi = \frac{(1+R_0)\varphi_0 + \alpha(R - R_0)}{1 + R} \tag{6-7}$$

式中,$R = \varepsilon_v + p/K_s$;$R_0 = \varepsilon_{v0} + p_0/K_s$;$\varepsilon_v$ 和 ε_{v0} 分别为煤的体积应变和初始体积应变。

联立式(6-6)和式(6-7),可得到关于孔隙率的渗透率方程:

$$\frac{k_1}{k_{10}} = \left(\frac{\varphi}{\varphi_0}\right)^3 = \left(\frac{(1+R_0)+\alpha(R-R_0)/\varphi_0}{1+R}\right)^3 \tag{6-8}$$

假设液体在多孔介质中的对流符合达西定律,根据连续性方程有:

$$\frac{\partial m_1}{\partial t} + \nabla(\rho_1 q_1) = Q_{ls} \tag{6-9}$$

式中,ρ_1 为液体密度,kg/m^3;q_1 为液体的达西渗流速度,m/s;Q_{ls} 为液体对流质量源项,$kg/(m^3 \cdot s)$;t 为时间,s;m_1 为单位体积煤中的液体质量,kg/m^3,它可表示为:

$$m_1 = \rho_1 \cdot \varphi \tag{6-10}$$

相关研究表明,随着气体溶解量的变化,液体密度符合如下公式[237]:

$$\rho_1 = \rho_{10} + \eta c \tag{6-11}$$

$$\eta = \frac{\rho_{ls} - \rho_{10}}{c_s} \tag{6-12}$$

式中,ρ_{ls} 和 ρ_{10} 分别为气体饱和时和不含气体时的液体密度,kg/m^3;η 为液体体积膨胀系数,kg/mol;c 为气体溶解在水溶液中的浓度,mol/m^3;c_s 为气体饱和浓度,即气体最大溶解度,mol/m^3。

根据达西定律可知:

$$q_1 = -\frac{k_1}{\mu_1}(\nabla p + \rho_1 g \nabla D) \tag{6-13}$$

式中,μ_1 为液体动力学黏度,$Pa \cdot s$;g 为重力加速度,$9.8\ m^2/s$;D 为高程,m。

式(6-7)和式(6-9)可转变为:

$$\frac{\partial \varphi}{\partial t} = \frac{\alpha-\varphi}{1+R}\left(\frac{\partial \varepsilon_v}{\partial t} + \frac{1}{K_s} \cdot \frac{\partial p}{\partial t}\right) \tag{6-14}$$

$$\rho_1 \frac{\partial \varphi}{\partial t} + \varphi \frac{\partial \rho_1}{\partial t} + \nabla(\rho_1 q_1) = Q_{ls} \tag{6-15}$$

联立式(6-13)~式(6-15),可得

$$\underbrace{\rho_1 \left(\frac{\alpha-\varphi}{1+R} \cdot \frac{1}{K_s}\right) \frac{\partial p}{\partial t}}_{\text{II}} - \nabla\left[\rho_1 \cdot \frac{k}{\mu_1}(\nabla p + \rho_1 g \nabla D)\right]$$

$$\tag{6-16}$$

$$= \underbrace{Q_{ls} - \left(\rho_1 \cdot \frac{\alpha-\varphi}{1+R} \cdot \frac{\partial \varepsilon_v}{\partial t} + \eta\varphi \frac{\partial c}{\partial t}\right)}_{\text{III}}$$

在数值模拟中,II 项为储存系数,III 项为质量源项。

③ 钻孔中的液体对流控制方程:本部分将利用层流模型建立钻孔水溶液的对流控制方程。

煤层中的瓦斯从饱和水煤体中运移到充满水的钻孔中后，在钻孔中同样会引起对流，而此时的运移方式不再符合达西定律，根据 Naiver-Stokes 方程，不可压缩流体的流动方程可表示为：

$$\rho_1 \frac{\partial u}{\partial t} + \rho_1 (u \cdot \nabla) u = \nabla \cdot [- p_1 I + \mu_1 (\nabla u + (\nabla u)^T)] + F \quad (6\text{-}17)$$

式中，u 为液体流动的速度，m/s；p_1 为液体压力，MPa；F 为体积力向量，N/m^3。

根据布辛涅斯克近似可以认为溶质的溶解只会引起浮力的变化，而对流体流动不产生其他影响，因此：

$$F = (\rho_{10} + \Delta\rho_1) g \quad (6\text{-}18)$$

可以将重力写成势能的形式：

$$F = -\nabla(\rho_{10} \Phi) + \Delta\rho_1 g \quad (6\text{-}19)$$

真实压力 p_1 可以分为流体动态压力 P_1 和静态压力 $\rho_{10}\Phi$，因此，式(6-17)可表示为：

$$\rho_{10} \frac{\partial u}{\partial t} + \rho_{10} (u \cdot \nabla) u = -\nabla P_1 + \nabla \cdot [\mu_1 (\nabla u + (\nabla u)^T)] + \underline{\Delta\rho_1 g} \quad (6\text{-}20)$$
$$\qquad\qquad\qquad\qquad\qquad\qquad\qquad\qquad\qquad\qquad\qquad\quad \text{IV}$$

式中，IV 项为体积力项，$\Delta\rho_1 = \eta c$。

式(6-20)为钻孔水中的流体对流方程，需要注意的是该公式只有在 $\Delta\rho_1/\rho_{10} \ll 1$ 时成立。

④ 气体扩散运移控制方程：本部分将建立气体在饱和水多孔介质及钻孔水中的运移控制方程。

综上所述，在水侵钻孔测压过程中，气体的运移受到扩散、液体对流及地应力的影响，其运移方程可表示为：

$$\frac{\partial c}{\partial t} + u \nabla c - \nabla(D_L \nabla c) = 0 \quad （溶质在充满水的钻孔中运移） \quad (6\text{-}21)$$

$$\frac{\partial \varphi c}{\partial t} + q_1 \nabla c - \nabla(D_{ae} \nabla c) = 0 \quad （溶质在饱和水煤体区域运移） \quad (6\text{-}22)$$

式中，D_L 为气体在液体中的扩散系数，m/s；D_{ae} 为气体在饱和水多孔介质中的有效扩散系数，m/s。为了简化数值模拟过程，有如下关系 $D_{ae} = \varphi D_L/\tau$，其中 τ 为多孔介质迂曲度，为方便计算，本书中取值为 1。

对式(6-22)整理可得：

$$\varphi \frac{\partial c}{\partial t} + c \frac{\partial \varphi}{\partial t} + q_1 \nabla c - \nabla(D_{ae} \nabla c) = 0 \quad (6\text{-}23)$$

联立式(6-13)、式(6-14)和式(6-23)，气体在饱和水煤体中的运移方程可表示为：

$$\varphi\frac{\partial c}{\partial t}+\left[\frac{\alpha-\varphi}{1+R}\left(\frac{\partial\varepsilon_v}{\partial t}+\frac{1}{K_s}\cdot\frac{\partial p}{\partial t}\right)\right]c-\frac{k_1}{\mu_1}(\nabla p+\rho_1 g)\nabla c-\nabla(D_{ae}\nabla c)=0$$

$$(6\text{-}24)$$

式(6-21)和式(6-24)分别为钻孔中和饱和煤体中的溶质运移方程。

（3）边界条件

① 煤体变形边界条件

$$u_i=u_i(t) \tag{6-25}$$

$$\sigma_{ij}\boldsymbol{n}=f_i(t) \tag{6-26}$$

式中，$u_i(t)$ 和 $f_i(t)$ 分别为边界上的位移和应力；$\boldsymbol{n}$ 为边界上外法线单位向量。

② 多孔介质中液体对流边界条件

$$-\boldsymbol{n}\cdot\rho_1 u=0 \tag{6-27}$$

$$p=p_m \tag{6-28}$$

式中，p_m 为参考压力。

式(6-27)为无流动边界；式(6-28)为参考点压力。

③ 钻孔水对流边界条件

$$u=0 \tag{6-29}$$

$$p_1=p_m \tag{6-30}$$

式(6-29)为无滑移边界，式(6-30)为参考点压力。

④ 溶质扩散运移边界条件

$$-\boldsymbol{n}\cdot[-D_{ae}\nabla c+uc]=0 \tag{6-31}$$

$$c=c_s \tag{6-32}$$

式(6-31)为无通量边界条件，式(6-32)为固定浓度边界条件。

6.1.2 水侵测压钻孔瓦斯运移数值模拟方案

式(6-5)、式(6-16)、式(6-20)、式(6-21)和式(6-24)就是水侵测压钻孔的瓦斯运移控制方程，该耦合模型考虑了气体在饱和水煤体及钻孔中的扩散、密度差所引起的溶液对流以及有效应力对煤体变形的影响。COMSOL Multiphysics是一款大型通用偏微分方程求解软件，被广泛用于多物理场之间的耦合模拟。本章将使用 COMSOL Multiphysics 中的固体力学模块、达西渗流模块、层流模块和 PDE 模块来实现多个物理场之间的耦合。其中，式(6-5)为煤体变形方程，使用固体力学模块加载，且式(6-5)中 Ⅰ 项通过体积力的形式描述。式(6-16)为饱和水煤体中液体对流控制方程，使用达西模块加载，且式(6-16)中 Ⅱ 项和 Ⅲ 项分别作为储存系数与质量源项。式(6-20)为钻孔中的水对流控制方程，使用层流模块加载，且式(6-20)中 Ⅳ 项作为体积力项。式(6-21)和式(6-24)为溶质运移控制方程,通过 PDE 模块加载。

为研究水侵测压钻孔的瓦斯运移规律,本章将通过数值模拟软件建立多个数值模拟方案,如图 6-2 所示,煤层厚 1 m,钻孔直径为 0.075 m。由于地层水的侵入半径不容易确定,其水侵范围受到水压、地应力、瓦斯压力和煤层孔隙等多种因素的影响,因此本章将构建多个不同水侵半径的模型进行对比分析。此外,煤层顶部为应力加载边界条件,饱和水煤层区域两端为浓度边界条件,各物理场的控制方程按照前文描述的进行加载。本章所使用的参数大都是在前文实验结果的基础上进行赋值,少数没有通过测试得到的参数是依据现场经验进行赋值的,如表 6-1 所列。

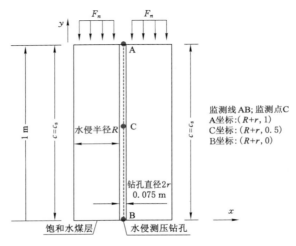

图 6-2　水侵测压钻孔数值模拟模型图

表 6-1　水侵测压钻孔数值模拟参数表

参数	数值
液体初始密度 ρ_{l0} /(kg/m³)	1 000
饱和气体液体密度 ρ_{ls} /(kg/m³)	1 006
最大溶解度 c_s /(mol/m³)	10
液体动力黏度 μ_l /(Pa·s)	0.001
气体在液体中的扩散系数 D_L /(m²/s)	6×10^{-9}
煤的弹性模量 E /MPa	2 713
煤骨架弹性模量 E_s /MPa	8 139
泊松比 υ	0.339
液体初始渗透率 k_{l0} /m²	$3.799\,6 \times 10^{-13}$
初始孔隙率 φ_0	0.1

此外,地层水在侵入煤层之前,首先会不断地在钻孔内聚集,根据现场经验,此过程一般需要1～3 d,而地层水在钻孔内聚集的过程中,瓦斯已经开始在水溶液中溶解扩散。因此,本章首先模拟瓦斯在纯水钻孔中的扩散(钻孔内充满积水,但是水侵煤层半径为0 m),得到第3 d钻孔监测点C处的瓦斯溶解量数据,从而将该数据作为后续模拟时不同水侵煤层半径水溶液中瓦斯浓度的初始值,以最大还原测压钻孔内部的真实扩散情况。

6.1.3　水侵测压钻孔瓦斯运移规律数值模拟分析

在利用瓦斯溶解量反推煤层瓦斯压力时,关键问题是怎样确定何时瓦斯才能在钻孔水溶液中达到溶解平衡。因此,本部分主要分析不同影响因素对瓦斯溶解平衡时间的影响。

(1) 水侵半径对瓦斯溶解平衡的影响

图6-3为不同水侵半径时监测点C处的瓦斯浓度变化规律。从图中可以看出,当水侵煤层半径为0 m时(即地层水只在钻孔中聚集还未侵入煤层),瓦斯可以在短时间内迅速溶解到水溶液中,第3 d瓦斯在水溶液中的溶解量可以达到最大溶解量的94%,而随着时间的继续推移,瓦斯气体的溶解量逐渐趋于平缓,最终达到平衡状态。因此可以推断,当地层水刚开始侵入钻孔并在钻孔中聚集时,瓦斯便已经开始迅速扩散溶解到钻孔水中,并且在短时间内可以达到最大溶解量的90%以上。

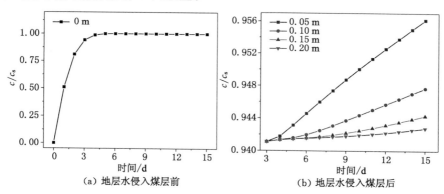

(a) 地层水侵入煤层前　　　　(b) 地层水侵入煤层后

图 6-3　不同水侵半径时监测点C处的瓦斯浓度变化规律

地层水在钻孔中的聚集一般需要1～3 d,甚至更长的时间。因此,在数值模拟不同水侵半径的瓦斯溶解规律变化时,选用水侵半径为0 m时(第3 d)的瓦斯溶解量数据作为地层水入侵煤层后瓦斯浓度的初始值。由图6-3(b)可以看出,在同样的时间内,随着水侵半径的增加,监测点C处瓦斯的溶解量是逐渐降低的，且在测试时间范围内，瓦斯的溶解量并没有趋于平缓的趋势。而且相比于在纯水钻孔中的扩散，当地层水侵入煤层后，监测点 C 处的气体溶解量增加幅度明显变缓。分析认为，气体在饱和多孔介质中的有效扩散系数比在纯水中的扩散系数小 1 个数量级以上，这极大地提高了气体在钻孔水中达到平衡状态的时间。

综上所述，瓦斯在短时间内可以迅速溶解到钻孔水中，特别地，当地层水在测压钻孔内聚集的过程中，仅 3 d 时间就可以达到最大溶解度的 94% 以上。而一旦地层水侵入煤层后，瓦斯在饱和水煤体中的有效扩散系数较低，导致平衡时间极大的延长。因此可以推断，水侵煤层距离越远，瓦斯运移到钻孔水中所需要的时间就越长，越不利于瓦斯溶解平衡。

（2）扩散系数对瓦斯溶解平衡的影响

图 6-4 为不同扩散系数时监测点 C 处的瓦斯浓度变化规律。在地层水侵入煤层以前（即地层水只在钻孔内聚集），不同扩散系数条件下瓦斯在钻孔水中的溶解量都呈现先急速增加再趋于平缓的趋势。而且，扩散系数越高，瓦斯在钻孔水中扩散得越快，气体可以在更短时间内达到溶解平衡状态。扩散系数由 2×10^{-9} m²/s 增加到 1×10^{-8} m²/s 时，第 3 d 监测点 C 处的瓦斯溶解量与最大溶解量的比例由 52.2% 增加到 99.4%。当扩散系数足够大时，瓦斯甚至在地层水侵入煤层之前便达到溶解平衡状态。而且如果只是在充满水的钻孔内扩散，在不同扩散系数条件时瓦斯都可以在 15 d 以内达到溶解平衡。

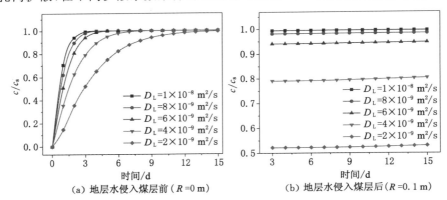

（a）地层水侵入煤层前（$R = 0$ m）   （b）地层水侵入煤层后（$R = 0.1$ m）

图 6-4　不同扩散系数时监测点 C 处的瓦斯浓度变化规律

当地层水侵入煤层后，虽然监测点 C 处的瓦斯溶解量同样随着时间的增加而增加，但是其增加幅度远不及在地层水侵入之前，而且在有效测试时间内（15 d 以内），只有当瓦斯扩散系数大于 6×10^{-9} m²/s 时，瓦斯最终溶解量才可以达到最大溶解量的 90% 以上。可见,瓦斯在水溶液中的扩散系数是影响新型瓦斯压力测定方法的关键,瓦斯扩散系数越大,所需要的平衡时间越短。而且同前文所述,地层水在钻孔内的聚集时期是瓦斯溶解量增长的关键时间,因此新型瓦斯压力测定方法更适合扩散系数较高、钻孔积水聚集时间较长的煤层。

（3）溶液对流对瓦斯溶解平衡的影响

图 6-5 为不同时间监测线 AB 上的瓦斯浓度变化规律。从图中可以看出,瓦斯在钻孔水中的溶解量随着时间逐渐增加。整体上看,在地层水侵入煤层前,溶液对流现象对瓦斯在水溶液中的浓度分布影响不大。通过将第 1 d 和第 6 d 瓦斯在监测线上的浓度放大可知:在第 1 d,可以观察到钻孔底部靠近 A 点的瓦斯浓度较高,这是因为在瓦斯溶解过程中会造成水的密度增加,从而促使水溶液发生密度差引起的对流现象,致使携带瓦斯的水溶液向钻孔底部运移,造成底部水溶液的瓦斯浓度更高;在第 6 d,整个钻孔水溶液中的瓦斯浓度逐渐趋于一致,已经没有对流现象,说明随着时间的推移,钻孔中的水溶液密度逐渐均一化,对流现象逐渐减弱。

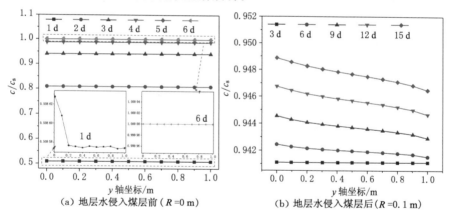

(a) 地层水侵入煤层前（$R=0$ m)　　(b) 地层水侵入煤层后（$R=0.1$ m)

图 6-5　不同时间监测线 AB 上的瓦斯浓度变化规律

由图 6-5(b)可知,地层水侵入煤层后,随着时间推移,对流现象更加明显。这是因为,当地层水侵入煤层后,瓦斯在饱和水煤体中的有效扩散系数较低,从煤层远端扩散到钻孔内部需要更长的时间,致使在钻孔中水溶液内的瓦斯得不到补充,溶液密度差得不到缓解,导致上端高密度的水溶液不断地向下发生对流,从而造成对流现象更加明显。试想可知,如果时间足够长,钻孔中水溶液的对流现象必然由于密度的均一化而逐渐减弱。

综上所述,在利用新型瓦斯压力测定方法时,如果能取到钻孔底部的水溶液,则瓦斯压力推算结果必然更加准确。

6.1.4 基于瓦斯溶解量的新型瓦斯压力测定方法及工程实践

（1）基于瓦斯溶解量的新型瓦斯压力测定装置

本章设计了水侵测压钻孔瓦斯溶解量测定装置,该装置轻巧,便于井下携带,主要包括压力表、三通阀门、活塞式体积测量仪、连接胶管和接头5个部分,具体见图6-6,其中活塞式体积测量仪的量程为800 mL,分度值为10 mL;连接胶管为专用的测压胶管;测压胶管与三通之间的接头为专用的测压接头,可以充分保证测量时的气密性。

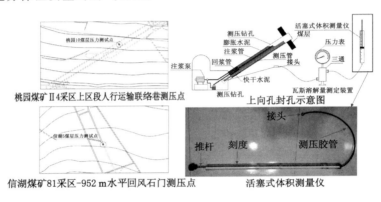

图 6-6　基于瓦斯溶解度的瓦斯压力测定方法示意图

（2）基于瓦斯溶解量的新型瓦斯压力测定方法

现场瓦斯压力测定地点选在桃园煤矿 10 煤层和信湖煤矿 5 煤层。桃园煤矿主采煤层底板砂岩裂隙含水层的含水量较多,因此,桃园煤矿在测压过程中,部分区域存在钻孔涌水现象,导致测压失败。同样,信湖煤矿（筹备矿井）在大巷揭 5 煤层过程中,受到顶板含水岩层的影响,部分测压钻孔无法准确测得煤层瓦斯压力,不能对煤层的突出危险性进行预测预报,影响揭煤进程。为了解决钻孔涌水问题,桃园煤矿和信湖煤矿均采用全孔注浆-二次扫孔的方法进行堵水,但即使这样依然有地层水侵入部分测压钻孔中,导致压力测试失败。采用传统测压方法时耗费了大量的人力和物力,并且无法测得煤层的瓦斯压力。

因此,本章将桃园煤矿和信湖煤矿选作现场测试地点,利用自制的溶解量测试装置来测定钻孔水中的瓦斯溶解量,从而反推煤层瓦斯压力,测点位置如图 6-6 所示,钻孔施工参数见表 6-2。

表6-2　测压钻孔施工参数

测压煤层	钻孔参数		岩孔长/m	煤孔长/m	封孔长/m	见煤标高/m
	倾角/(°)	长度/m				
桃园煤矿10煤层	56.0	35.1	32.4	2.4	30.0	−538.0
信湖煤矿5煤层	−61.0	15.6	15.0	0.5	14.5	−965.0

煤层瓦斯压力测定具体步骤如下:

① 施工测压钻孔:首先在现场选择合适的地点进行打孔,为了防止地层水侵入,选择全孔注浆-二次扫孔的方法进行钻孔施工,施工完成后进行注浆封孔。其中,桃园煤矿10煤层的测压钻孔为上向孔,信湖煤矿5煤层测压钻孔为下向孔。两种钻孔的封孔步骤分别如下:

a. 上向孔:首先在钻孔内安装回浆管和测压管,为了防止测压管路堵塞,在测压管最前端包裹纱布。然后连接注浆管和注浆泵,并将其送入钻孔。在开始注浆之前用快干水泥对孔口进行封堵以防浆液流出。快干水泥凝固后,开始注浆,当回浆管有浆液流出后停止注浆,待浆液凝固后便完成封孔。

b. 下向孔:下向孔封孔时使用测压胶囊进行封孔,在封孔前应先使用压风将钻孔内的残渣吹出。然后将胶囊与瓦斯管和水管分别接好,将连好的胶囊用四分管送入钻孔。把胶囊送到距离煤层1 m位置时,将水管与水压泵连上,送入压力水(4 MPa左右),使得胶囊鼓起,封住钻孔,向钻孔中灌入水泥,直至水泥溢出测压孔外,待浆液凝固后便完成封孔。

② 观察记录:封孔完成后,安装压力表,每天观察压力表读数,如果没有地层水侵入则正常记录数据直至压力稳定。如果发现地层水侵入钻孔则转入下一步。

③ 测量瓦斯溶解量:如果地层水侵入测压钻孔,则需利用自制的瓦斯溶解量测量装置进行测试。具体测试步骤如下:

a. 将自制的活塞式体积测量仪的推杆调整到零刻度。

b. 将活塞式体积测量仪与测压钻孔的三通进行连接,连接口是专用的瓦斯压力测定接口,可以保证气密性。

c. 钻孔中的地层水在压力的作用下会流入活塞式体积测量仪内。当水的流入体积达到约500 mL时,迅速关闭三通阀门,停止进水。

d. 在活塞式体积测量仪内,压力的释放会使地层水中溶解的瓦斯气体逐渐解析出来,从而使得推杆的刻度持续增大。当推杆刻度稳定后,将活塞式体积测量仪竖直放置,水在重力的作用下会下沉到测量仪的底部,而气体会漂浮在测量仪的顶部,分别读出气体体积和液体体积并进行记录。记录完成后,将测量仪拆下,分别收集测量管内的水样和气样,密封带回实验室。

e. 重复上述过程,每隔 3 d 测量一次钻孔水中的瓦斯溶解量,直到溶解量达到稳定状态时停止测量。

④ 反推煤层瓦斯压力:在实验室利用气相色谱仪对井下解析出来的气体进行组分分析,确定气体的主要成分。并通过瓦斯溶解度测试装置,在实验室测量矿井水样的瓦斯溶解度与平衡压力之间的数学关系,步骤同 3.2.2 小节。然后依据现场的测试结果反推煤层瓦斯压力。

(3)现场工程试验结果

表 6-3 为桃园煤矿 10 煤层和信湖煤矿 5 煤层现场实测的瓦斯溶解量数据,本小节共测试了地层水侵入钻孔后 12 d 内的瓦斯溶解量数据。从表中可以看出,随着时间的延长,钻孔水溶液中的瓦斯溶解量逐渐增多,而且在测试初期,瓦斯溶解量增幅明显,而到了测试后期,瓦斯溶解量的增幅逐渐变缓。在第 12 d,桃园煤矿测压钻孔的瓦斯溶解量达到了 9.12 mol/m^3,而信湖煤矿测压钻孔的最大瓦斯溶解量只有 2.81 mol/m^3。

表 6-3　瓦斯溶解量测试结果

煤层	时间/d	气体体积/mL	甲烷含量/%	甲烷溶解量/(mol/m^3)	总气体溶解量/(mol/m^3)	水温/℃
桃园煤矿 10 煤层	3	64	84.49	4.48	5.30	24
	6	100	80.53	6.67	8.29	
	9	101	81.85	6.85	8.37	
	12	110	81.67	7.45	9.12	
信湖煤矿 5 煤层	3	30	47.53	1.11	2.34	40
	6	35	50.48	1.38	2.74	
	9	35	49.32	1.35	2.74	
	12	36	50.23	1.41	2.81	

利用气相色谱仪将解析气体在实验室进行气体组分分析可知,桃园煤矿测压钻孔解析出的气体中甲烷占到了总气体浓度的 80% 以上,而信湖煤矿测压钻孔内解析气体中甲烷含量只有 50% 左右,最低仅有 47.53%,最高只有 50.48%。分析认为,信湖煤矿 5 煤层较薄,平均煤层厚度只有 0.5 m,在长期地质储存过程中瓦斯逸散严重,煤层甲烷含量较低,再加上施工测压钻孔时有部分空气残留在孔内,致使信湖煤矿 5 煤层解析气体中的甲烷浓度较低。此外,通过温度计对测压钻孔内的水温进行测量发现,桃园煤矿井下水温维持在 24 ℃,而信湖煤矿井下水温则可达到 40 ℃,这是因为在信湖煤矿 5 煤层测压见煤点埋深约为 1 000 m,煤层埋藏较深,地热对矿井水温的影响十分明显。

为验证数值模型及现场测试结果的准确性,选取桃园煤矿 10 煤层测压钻孔数据与数值模拟结果进行对比,如图 6-7 所示。现场测试结果选取的是总气体含量的数据,数值模拟结果选用水侵半径为 0.1 m 时的数据。在笔者之前的文献中[12],选用的是纯甲烷的数据结果,但是考虑到选用纯甲烷的数据结果可能会造成在瓦斯压力推算时,推算结果偏小,从安全角度考虑,本小节将选用总气体量进行计算。从图 6-7 可以看出,现场测试结果与数值模拟结果的变化趋势是比较一致的,都是在初期时,瓦斯溶解量迅速增加,而到了后期,瓦斯溶解量增幅逐渐变缓。但是在初期时,现场测试结果与数值模拟结果存在着一定幅度的偏离。分析认为,在钻孔施工过程中,煤层中的瓦斯会有一定的损耗,造成钻孔边界处的瓦斯浓度在初始阶段并不是最大值,从而造成现场测试结果与数值模拟结果之间存在一定的差异,即现场所测试的瓦斯溶解量在初始阶段稍低于数值模拟结果,但整体趋势是比较一致的。

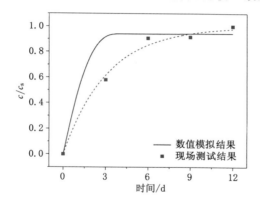

图 6-7 水侵测压钻孔数值模拟与现场测试结果对比图

根据第 3 章实验结果可知,矿井水中的瓦斯溶解度与平衡压力呈线性相关关系。为得到水侵钻孔的煤层瓦斯压力值,测试了矿井水温条件下(桃园煤矿 24 ℃,信湖煤矿 40 ℃)不同平衡压力时的瓦斯溶解度,并将平衡压力与溶解度进行线性拟合,得到该温度下溶解度与平衡压力之间的数学关系,具体如图 6-8 和图 6-9 所示。从两个图中可以看出,平衡压力与瓦斯溶解度呈现出明显的线性关系,各线性拟合曲线的相关性系数均达到 0.99。然后,将现场测试得到的 12 d 内的总气体溶解量数据代入各矿井水样瓦斯溶解度的拟合公式中,推算出各煤层的瓦斯压力,其中桃园煤矿 10 煤层水侵测压钻孔的瓦斯压力推算结果为 0.40 MPa,信湖煤矿 5 煤层水侵测压钻孔的瓦斯压力推算结果为 0.16 MPa。在计算时选用总气体溶解量数据而非纯甲烷溶解量数据,可以避免推算的瓦斯压力值偏小,以最大限度保证矿井安全生产。

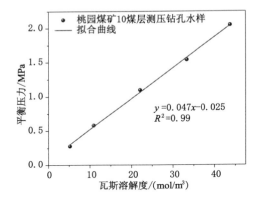

图 6-8 桃园煤矿 10 煤层钻孔水样的瓦斯溶解度与
平衡压力之间的关系(24 ℃)

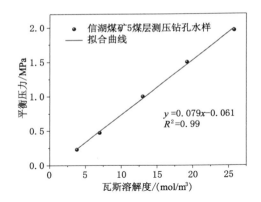

图 6-9 信湖煤矿 5 煤层钻孔水样的瓦斯溶解度与
平衡压力之间的关系(40 ℃)

表 6-4 为桃园煤矿 10 煤层堵水成功的测压钻孔瓦斯压力测试结果,可以看出,10 煤层不同煤层埋深的相对瓦斯压力测试范围为 0.36～0.82 MPa,最小相对瓦斯压力为煤层埋深 554.6 m 处的测试结果,最大相对瓦斯压力为煤层埋深 813.3 m 处的测试结果。相对瓦斯压力整体呈现出随着煤层埋深的增加而逐渐增大的趋势。本小节通过新型瓦斯压力测定方法所测试的桃园煤矿 10 煤层测点的埋深为 563.0 m,所测得的瓦斯压力为 0.40 MPa,测试结果是位于煤层埋深 554.6 m 和 658.6 m 之间,基本可以判断出该测试结果相对可靠。

表 6-4　桃园煤矿 10 煤层堵水成功的测压钻孔瓦斯压力测试结果

编号	测定地点	封孔方法	煤层埋深/m	相对瓦斯压力/MPa
1	北八采区胶带大巷	水泥砂浆	554.6	0.36
2	Ⅱ4采区运输上山	水泥砂浆	658.6	0.58
3	Ⅱ4采区运输上山	水泥砂浆	714.4	0.70
4	Ⅱ4采区运输上山	水泥砂浆	759.6	0.76
5	Ⅱ4采区下部车场	水泥砂浆	800.0	0.62
6	Ⅱ6采区轨道大巷联络巷	水泥砂浆	813.3	0.82

综上所述,本节首先建立了水侵测压钻孔的瓦斯运移数学模型,数值分析了水侵半径、扩散系数及溶液对流对瓦斯溶解平衡时间的影响规律。在此基础上,提出了基于瓦斯溶解量的水侵测压钻孔瓦斯压力测定方法,并研制了相关测压装置,通过现场试验,测试了桃园煤矿 10 煤层和信湖煤矿 5 煤层水侵测压钻孔的瓦斯溶解量,并反推了煤层的瓦斯压力,研究成果可为水侵煤层矿井瓦斯压力测定工作提供新的思路和方法。

6.2　水侵抽采钻孔瓦斯运移数学模型及抽采量预测

6.2.1　水侵抽采钻孔瓦斯运移模型

（1）水侵抽采钻孔瓦斯运移物理模型

在富含水的煤系地层下向穿层钻孔瓦斯抽采时,由于封孔质量不佳或者煤层本身含水,抽采钻孔内会聚集大量积水。而下向穿层钻孔内的积水又无法通过放水器排出,因此积水会不断在钻孔内部聚集,且随着时间的推移,地层水会侵入煤层并最终达到稳定状态。如前文所述,在这个过程中,地层水会将钻孔周围的煤体润湿,根据含水量的不同可将煤体划分为 3 个区域,由钻孔至煤层远端分别为饱和水煤体区域、不饱和水煤体区域和原始煤体区域,如图 1-1 所示。地层水达到稳定状态后,由于孔隙水的封堵,瓦斯在饱和水煤体区域的主要流动方式为扩散运移,并且在孔隙压力的作用下溶解到孔隙水中,同时在浓度梯度的作用下逐渐向低浓度区域扩散,最终由于压力的释放从水中解析出来。而在原始煤体区域及不饱和水煤体区域中,瓦斯的运移依然以渗流为主。因此,在水侵抽采钻孔抽采瓦斯时,瓦斯在煤层中的运移可以分为两个部分:在饱和水煤体区域,瓦斯的运移方式为基于菲克定律的扩散运移;在原始煤体区域和不饱和水煤体区域,瓦斯的运移方式为基于达西定律的渗流。

（2）水侵抽采钻孔瓦斯运移数学模型

在建立水侵煤层瓦斯运移数学模型时，做出以下假设：

——瓦斯在饱和水煤体区域的运移符合菲克定律，且忽略水分密度变化所引起的对流；

——瓦斯在原始煤体区域和不饱和水煤体区域的运移符合达西定律，且不受水分的影响，为方便描述，下文将不饱和水煤体区域与原始煤体区域统一称为原始煤体区域；

——饱和水煤体区域范围是固定的，不随瓦斯压力的降低而变化；

——只考虑瓦斯在煤层中的运移，忽略在钻孔内的扩散运移；

——在饱和水煤体区域，忽略吸附作用对瓦斯运移的影响；

——煤体是均质的多孔介质；

——煤体是等温的。

① 煤体变形控制方程：本部分将基于单孔弹性理论建立煤体变形控制方程。

在前文中，本书已经建立了饱和水煤体变形控制方程。该方程忽略了吸附气体产生的煤体膨胀变形。在瓦斯渗流区域，煤体变形除了受到地应力和孔隙压力的影响外，还会受到吸附膨胀应力的影响。因此，煤体的变形方程可表示为[238-244]：

$$\varepsilon_{ij} = \underbrace{\frac{1}{2G}\sigma_{ij} - \left(\frac{1}{6G} - \frac{1}{9K}\right)\sigma_{kk}\delta_{ij}}_{\text{IV}} + \underbrace{\frac{\alpha}{3K}p\delta_{ij}}_{\text{V}} + \underbrace{\frac{\varepsilon_s}{3}\delta_{ij}}_{\text{VI}} \qquad (6\text{-}33)$$

式中，IV 项为地应力所引起的变形；V 项为流体压力所引起的变形；VI 项为吸附所引起的膨胀变形；ε_s 为气体吸附所引起的膨胀变形，可表达为朗缪尔形式：

$$\varepsilon_s = \frac{\varepsilon_L p}{p_L + p} \qquad (6\text{-}34)$$

式中，ε_L 为朗缪尔体积应变常数；p_L 为朗缪尔压力常数，MPa。

然后，将上式转化为 Navier 形式：

$$Gu_{i,kk} + \frac{G}{1-2\upsilon}u_{k,ki} - \alpha p_{,i} - K\varepsilon_{s,i} + f_{,i} = 0 \qquad (6\text{-}35)$$

式(6-35)就是煤体变形方程。

② 瓦斯渗流控制方程：根据达西定律建立原始煤体区域的瓦斯渗流控制方程。

根据质量守恒定律，瓦斯在煤体中的流动方程可表示为[245-247]：

$$\frac{\partial m}{\partial t} + \nabla(\rho q) = Q_s \qquad (6\text{-}36)$$

式中，m 为单位煤体积内的瓦斯含量，kg/m³；ρ 为瓦斯密度，kg/m³；

Q_s 为气体质量源项,kg/(m³ · s);t 为时间,s;q 为气体达西渗流速度,m/s,它可表示为:

$$q = -\frac{k}{\mu}(\nabla p) \tag{6-37}$$

式中,k 为气体渗透率,m²;μ 为瓦斯动力黏度,Pa · s。

煤体中的瓦斯包括吸附瓦斯和游离瓦斯,m 可表示为:

$$m = m_{\text{free}} + m_{\text{adsorption}} \tag{6-38}$$

式中,m_{free} 和 $m_{\text{adsorption}}$ 分别为单位煤体积内的游离态瓦斯和吸附态瓦斯的含量,kg/m³,它们可表示为:

$$m_{\text{free}} = \rho_g \varphi \tag{6-39}$$

$$m_{\text{adsorption}} = \rho_{ga} \rho_c (1 - \varphi) \frac{V_L p}{p + p_L} \tag{6-40}$$

式中,ρ_{ga} 为标准状况下的气体密度,kg/m³;ρ_c 为煤体密度,kg/m³;V_L 为朗缪尔体积常数,m³/kg;ρ_g 为游离气体密度,kg/m³,根据 PVT 方程可表示为 $\rho_g = M_g p/(RT)$;M_g 为气体分子摩尔质量,kg/mol。

根据文献[230],考虑吸附变形后的煤体孔隙率方程可表示为:

$$\varphi = \frac{\varphi_0 (1 + \varepsilon_{v0} + p_0/K_s - \varepsilon_{s0}) + \alpha(\Delta\varepsilon_v + \Delta p/K_s - \Delta\varepsilon_s)}{1 + \varepsilon_v + p/K_s - \varepsilon_s} \tag{6-41}$$

气体渗透率与孔隙率是密切相关的,渗透率可表示为:

$$\frac{k}{k_0} = \left(\frac{\varphi}{\varphi_0}\right)^3 \left(\frac{1 - \varphi_0}{1 - \varphi}\right)^2 \approx \left(\frac{\varphi}{\varphi_0}\right)^3 \tag{6-42}$$

式中,k_0 为气体初始渗透率,m²。

联立式(6-36)~式(6-41),可以得到:

$$\left(\varphi + \frac{\rho_c V_L p_a p_L}{(p + p_L)^2} + \frac{p(\alpha - \varphi)}{K_s(1 + \varepsilon_v + p/K_s - \varepsilon_s)} - \frac{p(\alpha - \varphi)\varepsilon_L p_L}{(p + p_L)^2(1 + \varepsilon_v + p/K_s - \varepsilon_s)}\right)\frac{M_g}{RT}\frac{\partial p}{\partial t}$$

$$- \nabla\left(\rho_g \frac{k}{\mu} \nabla p\right) = Q_s - \frac{M_g}{RT}\frac{p(\alpha - \varphi)}{1 + \varepsilon_v + p/K_s - \varepsilon_s}\frac{\partial \varepsilon}{\partial t} \tag{6-43}$$

式中,p_a 为标准状况下的大气压力,MPa。

综上所述,式(6-43)就是原始煤体区域中的瓦斯渗流控制方程。

③ 饱和水煤体中的瓦斯扩散方程:本部分描述气体在饱和水煤体中的扩散运移。

前文中,式(6-22)就是气体在饱和水煤体中的扩散运移方程,但是在研究瓦斯抽采时,将忽略由于密度差引起的对流现象,因此式(6-22)可简化为:

$$\frac{\partial \varphi c}{\partial t} - \nabla(D_{ae} \nabla c) = 0 \tag{6-44}$$

为方便数值模拟计算,根据有效扩散系数与扩散系数的关系,式(6-44)可表示为:

$$\frac{\partial \varphi c}{\partial t} - \nabla \left(\frac{\varphi D_L}{\tau} \nabla c \right) = 0 \tag{6-45}$$

式中,D_L 为气体在液体中的扩散系数,m^2/s;τ 为孔隙迂曲度。

综上所述,式(6-45)就是饱和水煤体区域的瓦斯扩散运移控制方程。

(3) 边界条件

该耦合数学模型的关键是将压力驱动下的渗流转变为密度驱动下的扩散运移。如前文所述,气体在水溶液中的溶解方程符合亨利定律,因此通过亨利定律将原始煤体的压力边界与饱和水煤体的浓度边界进行转化。亨利定律可表示为:

$$p = H \cdot c_s \tag{6-46}$$

式中,H 为亨利常数,$MPa \cdot m^3/mol$;c_s 为瓦斯在地层水中的溶解度,mol/m^3。

边界条件设置时,在饱和水煤体区域,根据亨利定律将压力转化为浓度边界,促使瓦斯在饱和水煤层中进行扩散运移。具体边界条件如下:

① 煤体变形场边界条件

煤体变形场边界条件同式(6-25)和式(6-26)。

② 气体渗流场边界条件

$$\boldsymbol{n} \cdot \rho \nu = 0 \tag{6-47}$$

$$\boldsymbol{n} \cdot \rho \nu = -J \cdot M_g \tag{6-48}$$

式中,$\boldsymbol{n}$ 为边界上外法线单位向量;J 为饱和水煤体区域的气体扩散通量,$mol/(m^2 \cdot s)$。其中,式(6-47)为煤层远端的无流动边界,式(6-48)为饱和水煤体区域与原始煤体区域交界处的通量边界。

③ 饱和水煤体区域扩散运移边界条件

$$c = 0 \tag{6-49}$$

$$c = p/H = c_s \tag{6-50}$$

式(6-49)为钻孔处的零浓度边界,实际上应该为抽采负压下的瓦斯溶解度,如前文所述,在常压下瓦斯溶解度非常小(100 单位的水只能溶解 3 个单位的甲烷),因此认为在抽采时该处溶解度为 0。式(6-50)为饱和水煤体区域与原始煤体区域交界处的动态变化浓度边界。

6.2.2　水侵抽采钻孔瓦斯运移影响因素分析

通过 COMSOL Multiphysics 数值模拟软件进行数值分析,式(6-35)、式(6-43)和式(6-45)为水侵煤体瓦斯运移的控制方程。其中,式(6-35)描述了煤体变形,式(6-43)描述了瓦斯在原始煤体中的渗流,式(6-45)描述了瓦斯气体在饱和水煤体中的扩散运移。为掌握各因素对水侵煤体瓦斯抽采量的影响规律，建立一个 2D 模型（20 m×20 m）来研究不同因素对瓦斯运移的影响，数值模拟模型如图 6-10 所示。然后，提取饱和水煤体区域与原始煤体区域交界处监测点 D 上的孔隙压力和饱和水煤体区域边界处的气体浓度变化进行具体分析。研究方案见表 6-5，分别从扩散系数、渗透率、亨利系数及饱和水煤体半径对瓦斯运移的影响开展深入的分析。

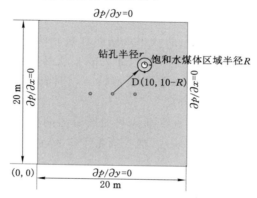

图 6-10 20 m×20 m 三钻孔数值模拟模型图

表 6-5 水侵抽采钻孔瓦斯运移影响因素数值模拟方案

方案	影响因素	数值
方案一	扩散系数 D_L/(m²/s)	$6×10^{-7},6×10^{-8},6×10^{-9},6×10^{-10}$
方案二	初始渗透率 k_0/m²	$4×10^{-15},4×10^{-16},4×10^{-17},4×10^{-18}$
方案三	亨利系数 H/(MPa·m³/mol)	$0.08,0.04,0.008,0.004$
方案四	水侵半径 R/m	$0.2,0.3,0.4,0.5$

（1）扩散系数对水侵钻孔瓦斯抽采的影响规律

图 6-11（a）为不同扩散系数时的瓦斯抽采量变化曲线。随着扩散系数的提高，瓦斯抽采量逐渐增加，且抽采时间越长瓦斯抽采量差异越明显。这是因为扩散系数越大，瓦斯在饱和水煤体区域的运移就越快，越有利于瓦斯抽采。气体在水溶液中的扩散系数主要受到温度、压力和溶液成分的影响。但在真实储层中，温度与气体压力主要由储层自身的性质所决定，基本不受人为因素影响。第 4 章研究结果表明，含有少量矿物质水中的瓦斯扩散系数要大于纯水中的扩散系数，这是因为在矿物质水中，金属离子会与水分子结合成水合离子，减少了甲烷分子与水分子的结合机会，致使水分子对甲烷分子的束缚能力

降低,加快了甲烷在水溶液中的扩散。此外,Mg^{2+}对气体扩散系数的影响尤其明显,在Mg^{2+}溶液中甲烷的扩散系数要远大于其他矿物质溶液。而且,通过前文的研究可知,溶液中的有机质也可以增加气体的扩散运移能力[140]。因此,在水侵煤层中,可以通过加入少量矿物质或表面活性剂来增强气体的扩散能力,从而提高瓦斯抽采效率。

需要注意的是,不同扩散系数时气体抽采量的曲线形态有所差别。笔者在文献[13]中将曲线形态归纳为线性加速阶段和线性扩散阶段,但是本节中同一扩散系数下的气体抽采量曲线很难同时观察到两个阶段,这是因为本次所使用的有效扩散系数模型更为准确,而之前文献忽略了孔隙率和迂曲度对有效扩散系数的影响,造成有效扩散系数偏大,相同时间内的气体抽采量更多,更容易显示出两个抽采阶段。

根据本节的计算结果,将瓦斯抽采量曲线分为两种类型:线性曲线(抽采量曲线斜率几乎不变)和对数曲线(抽采量曲线斜率逐渐减小)。从图 6-11(a)

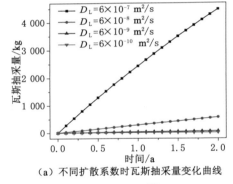

(a)不同扩散系数时瓦斯抽采量变化曲线

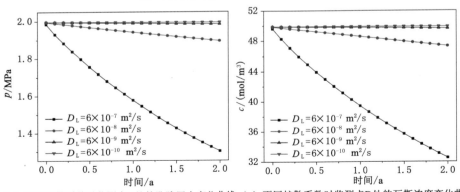

(b)不同扩散系数时监测点D处的孔隙压力变化曲线 (c)不同扩散系数时监测点D处的瓦斯浓度变化曲线

图 6-11　不同扩散系数时水侵钻孔瓦斯运移规律

可以看出,扩散系数越大,抽采量曲线越接近对数曲线,扩散系数越小,抽采量曲线越接近线性曲线,即抽采量越多越容易进入瓦斯抽采的衰减阶段。为了分析不同类型曲线出现的原因,本节绘制了不同扩散系数时监测点 D 处的孔隙压力和孔隙浓度变化曲线,如图 6-11(b)和图 6-11(c)所示。分析可知,气体在饱和水煤体中的扩散通量决定了水侵煤层的瓦斯抽采量。如前文所述,气体的扩散通量可以表示为:$J = -D_e \nabla c$。对于每一个独立的研究案例,有效扩散系数是固定的,因此饱和水煤体中的气体浓度梯度就扮演了至关重要的角色。随着扩散系数的提高,气体扩散通量提高,有更多的瓦斯被抽采出来,从而造成原始煤层的孔隙压力降低,即监测点 D 处的孔隙压力降低。而根据亨利定律,孔隙压力的降低会致使边界处的瓦斯溶解度降低,即边界处的瓦斯浓度随着时间的延长是逐渐降低的,造成饱和水煤体区域内的浓度梯度也在不断地减小。扩散系数越大,边界处的瓦斯浓度减小越快,饱和水煤体内的瓦斯浓度梯度会更迅速地变小。因此,扩散系数越高,抽采量曲线会越快地向对数曲线变化。而扩散系数越低,饱和水煤体区域内的瓦斯浓度梯度变化越不明显,扩散通量就越接近于一个常数,造成抽采量曲线类似于线性曲线。

(2)渗透率对水侵钻孔瓦斯抽采的影响规律

图 6-12(a)为不同渗透率时的瓦斯抽采量变化曲线,可以看出,随着渗透率的降低瓦斯抽采量也逐渐降低。这是因为渗透率越高,瓦斯在原始煤体区域的流动性越好,当瓦斯溶解到饱和水煤体区域与原始煤体区域的交界处后,煤体远端的瓦斯可以更好地流动过来,促使瓦斯继续溶解并在饱和水煤体区域扩散运移。但是在低渗透率煤层中,当交界处的瓦斯溶解到饱和水煤体中后,原始煤体中的瓦斯流动性较差,煤体远端的瓦斯很难补充过来,致使瓦斯抽采量降低。

不同渗透率时的抽采量曲线都接近于线性曲线,而且渗透率越高,瓦斯抽采量曲线越接近于线性曲线。而随着渗透率降低,瓦斯抽采量曲线则向对数曲线转变。图 6-12(b)和图 6-12(c)为不同渗透率时监测点 D 处的孔隙压力和瓦斯浓度变化曲线,可以看出,渗透率越低,监测点 D 处的压力和浓度降低幅度越大,而随着渗透率的升高,监测点 D 处的孔隙压力和气体浓度降低幅度越小。这是因为,在低渗透率煤层中,原始煤体区域的瓦斯流动性较差。当气体在饱和水煤体区域边界处溶解后,煤体远端的瓦斯流动性较差而不能迅速补充过来,造成边界处的孔隙压力迅速降低,从而导致饱和水煤体区域边界处的瓦斯浓度迅速降低。因此,根据公式 $J = -D_e \nabla c$ 可知,尽管有效扩散系数不变,但瓦斯浓度梯度不断减小,造成低渗透率煤层中的瓦斯抽采量更加接近于对数曲线。而在高渗透率煤层中,煤体远端的瓦斯可以更容易地补充过

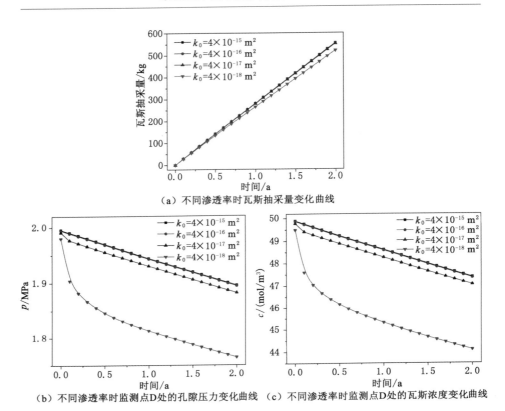

（a）不同渗透率时瓦斯抽采量变化曲线

（b）不同渗透率时监测点D处的孔隙压力变化曲线　（c）不同渗透率时监测点D处的瓦斯浓度变化曲线

图 6-12　不同渗透率时水侵钻孔瓦斯运移规律

来,造成饱和水煤体区域边界处的孔隙压力变化,但此变化较小,即饱和水煤体区域边界处的浓度变化较小。因此,饱和水煤体区域内的瓦斯浓度梯度变化较小,瓦斯扩散通量接近于固定常数。所以,渗透率越低,瓦斯抽采量曲线越接近于对数曲线,而渗透率越高,瓦斯抽采量曲线越接近于线性曲线。

（3）亨利系数对水侵钻孔瓦斯抽采的影响规律

亨利系数是衡量气体在水中溶解度的重要参数,亨利系数越小,瓦斯在水溶液中的溶解度越大。图 6-13(a)为不同亨利系数时的瓦斯抽采量变化曲线,可以看出,亨利系数越低,瓦斯抽采量越高。分析认为,亨利系数越低,瓦斯在孔隙水中的溶解量就越高,孔隙水中的瓦斯浓度在达到稳态之前,亨利系数越低,边界处的瓦斯溶解度越高,孔隙水中的瓦斯浓度梯度越大,造成饱和水煤体中的瓦斯扩散通量也越大,因此在相同时间内有更多的瓦斯可以被抽采出来。如前文所述,矿井水中的可溶有机质可在一定程度上增加瓦斯在水溶液中的溶解度。相关研究表明,在添加表面活性剂的水溶液中,甲烷的溶解度可以增加10～20倍,甚至更多[248]。而且,压力越高溶解量越大。因此在水侵煤层瓦斯抽采过程中,可以通过向水溶液中添加表面活性剂来增加甲烷在水中的溶解量,从而提高瓦斯抽采效率。

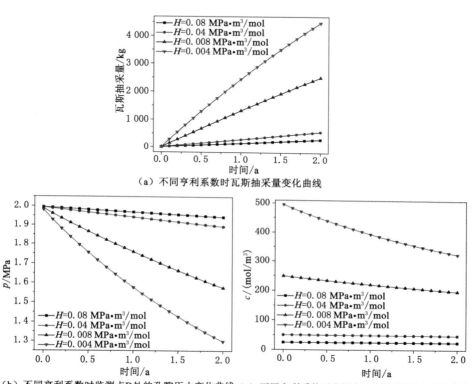

（a）不同亨利系数时瓦斯抽采量变化曲线

（b）不同亨利系数时监测点D处的孔隙压力变化曲线　（c）不同亨利系数时监测点D处的瓦斯浓度变化曲线

图 6-13　不同亨利系数时水侵钻孔瓦斯运移规律

亨利系数越小,瓦斯抽采量曲线的斜率随时间的变化越明显,即越趋近于对数曲线。图 6-13（b）和图 6-13（c）为不同亨利系数时监测点 D 处的孔隙压力及瓦斯浓度变化曲线,可以看出,在初始时刻,监测点 D 处孔隙压力均为煤层初始压力,而饱和水煤体区域边界处的气体浓度随着亨利系数的升高而逐渐降低。而在初始时刻,饱和水煤体区域内部的瓦斯浓度为 0,交界处的瓦斯浓度与饱和水煤体区域内的瓦斯浓度之间的浓度差随着亨利系数的降低逐渐增大。因此,在初始阶段,亨利系数越低,相同时间内饱和水煤体区域内的瓦斯扩散通量就越大,致使原始煤层区域不断有瓦斯溶解到孔隙水中,造成瓦斯压力迅速降低。而瓦斯压力降低又反过来影响气体在交界处的溶解度,即瓦斯压力越低,交界处的溶解度越低,造成饱和水煤体区域内的瓦斯浓度差逐渐减小,从而使得瓦斯抽采量曲线斜率逐渐减小,即向对数曲线过渡。

（4）水侵范围对水侵钻孔瓦斯抽采的影响规律

图 6-14（a）为不同水侵半径时的瓦斯抽采量变化曲线,可以看出,随着水侵半径的增加,瓦斯抽采量逐渐降低。在水侵煤体的瓦斯抽采中,瓦斯在饱和水煤体区域的运移效率决定了其抽采效率。而瓦斯在饱和水煤体中的扩散速度远不及瓦斯在煤层中的渗流速度,且饱和水煤体区域的范围越大,瓦斯的扩散距离越长。因此,瓦斯抽采效率随着饱和水煤体区域的增加而降低。但地层水侵入的范围主要由地层水压力、瓦斯压力和孔隙率等影响因素决定,受人

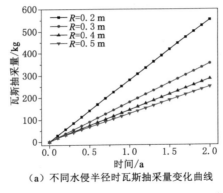

（a）不同水侵半径时瓦斯抽采量变化曲线

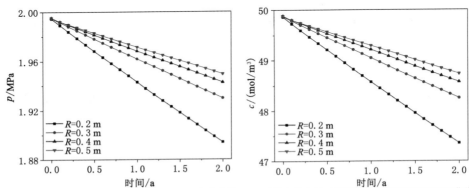

（b）不同水侵半径时监测点D处的孔隙压力变化曲线（c）不同水侵半径时监测点D处的瓦斯浓度变化曲线

图 6-14　不同水侵半径时水侵钻孔瓦斯运移规律

为影响较小,因此很难通过改变水侵范围来提高瓦斯抽采效率,但是可以在钻孔施工过程中尽量对钻孔周围的裂隙进行封堵,从而在一定程度上减缓地层水对钻孔的侵入。

尽管在不同水侵半径时各抽采量曲线都类似于线性曲线,但是仍然会随着水侵半径的减小,逐渐向对数曲线转变。图 6-14(b)和图 6-14(c)为不同水侵半径时监测点 D 处的孔隙压力及瓦斯浓度变化曲线,可以看出,水侵半径越小,其孔隙压力和气体浓度的降低幅度越大。这是因为,气体在饱和水煤体中的扩散通量远小于气体在原始煤体中的渗流通量,而水侵半径越大,气体的运移路径越长,单位时间内被抽采出来的气体量就越少。因此,水侵半径越小,单位时间内被抽采出来的瓦斯量就越高,造成饱和水煤体区域和原始煤体区域交界处的瓦斯压力降低越快。反之,根据亨利定律,孔隙压力的降低会造成监测点 D 处的气体浓度不断降低。因此,在水侵半径更小的煤体中,饱和水煤体区域的浓度梯度会更快地减小,造成瓦斯抽采量曲线逐渐向对数曲线过渡。

综上所述,在水侵抽采钻孔中,瓦斯抽采量受到扩散系数、渗透率、亨利系数和水侵半径的共同影响。因此,可以通过采取相关措施提高气体扩散系数、改进煤体渗透率和增加水溶液瓦斯溶解量来提高水侵煤层瓦斯抽采量。

6.2.3　青东煤矿 726 工作面下向穿层钻孔瓦斯抽采量预测

（1）矿井概况

安徽省淮北市青东煤矿共有 7 煤层、8 煤层和 10 煤层 3 个可采煤层。3 个煤层均具有突出危险性,保护层开采是最有效的瓦斯治理措施,但 8 煤层和 10 煤层不具备作为保护层的条件,因此在瓦斯治理过程中选用 7 煤层为首采煤层进行开采。7 煤层平均厚度为 2 m,但是 7 煤层和 8 煤层距离较近,平均间距为 24 m,最小间距只有 7.5 m,加上煤层埋藏不稳定,局部起伏较大,地质构造复杂,在施工瓦斯抽采巷道时,极易误穿煤层,造成突出事故。因此只能在 7 煤层的顶板施工下向穿层钻孔预抽采煤层瓦斯,消除煤层突出危险。以 726 工作面为例,在瓦斯防治工程中首先施工下向穿层钻孔预抽采煤巷条带瓦斯,如图 6-15 所示。但是,在瓦斯抽采过程中,由于是下向穿层钻孔,钻孔中存在大量积水,严重降低了瓦斯抽采效率。为了提高瓦斯抽采效率,青东煤矿采用了水力冲孔措施。但水力冲孔结束后依然无法消除水分对煤体孔隙的堵塞,且钻孔中依然存在积水,阻碍了瓦斯抽采。如果采用传统的瓦斯渗流模型预测抽采量时,会造成预测的瓦斯抽采量偏大,因此本小节将通过所建立水侵煤层瓦斯运移模型进行数值计算,并将计算结果与现场抽采数据进行对比,验证该模型的准确性,从而为水侵煤层瓦斯抽采提供可靠的理论模型。

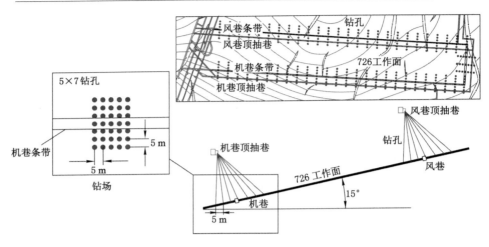

图 6-15　青东煤矿 726 工作面示意图

（2）青东煤矿 726 工作面 3 号瓦斯抽采巷 3#～10# 钻场瓦斯治理方案

在瓦斯治理过程中，青东煤矿在 726 工作面机巷上方施工了一条顶抽巷（即 3 号瓦斯瓦斯抽采巷），在顶板岩巷中每隔 25 m 垂直于顶板岩巷布置一个钻场，在钻场内向 7 煤层施工下向穿层钻孔，采用顶板岩巷下向穿层钻孔掩护机巷条带。钻场的尺寸为：宽×深×高＝3.0 m×5.0 m×3 m。设计方案为每个钻场施工 5 列穿层钻孔，每列施工 7 个钻孔，每个钻场共施工 35 个钻孔，钻孔直径 0.091 m，孔底间距为 5 m，钻孔终孔应穿过 7 煤层底板 0.5 m（钻孔设计图见图 6-15），保护巷道两侧轮廓线 15 m，实际施工时个别钻孔位置有所偏离，因此实际施工过程中，多数钻场施工钻孔数量多于 35 个，具体见表 6-6。在钻孔施工完毕后采用水力冲孔措施对钻孔周围煤体进行泄压，提高钻孔抽采半径，冲孔结束后封孔并进行瓦斯抽采，待彻底消除煤层条带突出危险后，在无突出危险性条带中掘进煤巷。煤巷施工完毕后，在机风巷内施工顺层钻孔，预抽采 7 煤层的瓦斯，消除 726 工作面的突出危险性。而本小节主要针对水侵下向穿层钻孔进行研究，因此下文中不再讨论煤巷形成后顺层钻孔的消突效果。

表 6-6　3#～10# 钻场钻孔清理煤量

钻场号	钻孔个数	钻孔清理煤量/t
3#	57	118.7
4#	48	96.5
5#	54	76.7

表 6-6(续)

钻场号	钻孔个数	钻孔清理煤量/t
6#	56	66.5
7#	57	77.0
8#	42	111.5
9#	35	56.5
10#	35	92.8
合计	384	696.2

（3）青东煤矿 726 工作面 3#～10# 钻场控制机巷条带区段瓦斯抽采效果检验

抽采结束后，统计 726 工作面 3#～10# 钻场控制机巷条带区段的冲出煤量、残余瓦斯压力、残余瓦斯含量、抽排瓦斯总量等指标，具体如下：

① 726 工作面 3#～10# 钻场控制区域钻孔冲煤量统计

在 3 号瓦斯抽采巷 3#～10# 钻场的钻孔施工过程中，采用了水力冲刷钻孔措施，并对钻孔施工中喷出与冲出煤量进行了统计，各钻孔施工过程中的钻孔清理煤量统计见表 6-6。从表中可以看出，3#～10# 钻场共清理煤量 696.2 t，该控制范围内煤体总量为 23 520 t，冲出煤量占控制范围内总煤量的 2.96%。

② 726 工作面 3#～10# 钻场控制机巷条带区段残余瓦斯压力测试

在 3 号瓦斯抽排巷 3#、7# 和 9# 钻场中布置了 3 组测压钻孔，测试了各钻场控制区域的残余瓦斯压力，测试方法为主动测压法，封孔方式为水泥浆封孔，结果见表 6-7。测试结果显示，实施防突措施后，726 工作面机巷条带控制范围内的残余瓦斯压力为 0.19～0.22 MPa，最大值为 0.22 MPa，残余瓦斯压力测试结果均低于临界指标 0.74 MPa。

表 6-7 残余瓦斯压力测试结果（相对瓦斯压力）

钻场号	残余瓦斯压力/MPa
3#	0.19
7#	0.20
9#	0.22

③ 726 工作面 3#～10# 钻场控制机巷条带区段残余瓦斯含量理论计算

瓦斯压力与瓦斯含量之间的数学关系见下式：

$$X = \frac{100 - A_{ad} - M_{ad}}{100} \left(\frac{abp}{1 + bp} \frac{1}{1 + 0.31M_{ad}} e^{n(t_e - t_c)} + \frac{10\gamma p}{Z} \right) \quad (6\text{-}51)$$

式中，X 为煤层的瓦斯含量，m^3/t；A_{ad} 为煤中的灰分，测试结果为 14.73%；M_{ad} 为煤中的水分含量，测试结果为 0.85%；a 为瓦斯吸附常数，实验温度下的极限吸附量，测试结果为 27.70 m^3/t；b 为瓦斯吸附常数，测试结果为 0.86 MPa^{-1}；p 为煤层绝对瓦斯压力，MPa；n 为与瓦斯压力相关的系数，$n = 0.02/(0.993 + 0.07p)$；t_e 为实验室温度，取 30 ℃；t_c 为煤层温度，取 25 ℃；γ 为孔隙容积，取 0.045 m^3/t；Z 为甲烷压缩系数。

由式(6-51)可以看出，如果测得煤层瓦斯压力、瓦斯吸附常数、煤样水分和灰分含量即可计算得到煤层的理论瓦斯含量。本小节通过钻孔取样，在实验室测试了青东煤矿 726 工作面机巷煤样的工业分析和瓦斯吸附常数，然后结合前文的瓦斯压力测试结果，根据式(6-51)，理论推算了各测点的瓦斯含量，结果见表 6-8。从表中可以看出，$3^\#$～$10^\#$ 钻场控制机巷条带区段的理论残余瓦斯含量为 4.45～4.78 m^3/t，最大值为 4.78 m^3/t，均未超过瓦斯含量临界值 8 m^3/t。

表 6-8　理论残余瓦斯含量计算结果

钻场号	理论残余瓦斯含量/(m^3/t)
$3^\#$	4.45
$7^\#$	4.56
$9^\#$	4.78

④ 726 工作面 $3^\#$～$10^\#$ 钻场控制机巷条带区段抽排瓦斯量统计

$3^\#$～$10^\#$ 钻场控制机巷条带区段的长度为 200 m，宽度为 30 m，平均煤厚为 2.8 m，控制区段内的煤体体积为 16 800 m^3，煤体质量为 23 520 t，依据 $1^\#$ 钻场测定的煤层原始瓦斯压力 0.7 MPa，计算得到原始煤层瓦斯含量为 8.68 m^3/t，推算控制区域瓦斯储量为 204 153.60 m^3。

根据 2009 年 9 月 1 日至 2010 年 4 月 15 日的通风报表，3 号瓦斯抽采巷 $3^\#$～$10^\#$ 钻场风排瓦斯量为 76 376.43 m^3；根据冲出煤量推算冲出煤赋存瓦斯量为 6 043.02 m^3；根据瓦斯抽采报表，该时间段内 $3^\#$～$10^\#$ 钻场抽采瓦斯总量为 14 515.20 m^3，则瓦斯抽排总量为 96 934.65 m^3。控制区段煤体所含总瓦斯量为 204 153.60 m^3，则推算区段残余瓦斯总含量为 107 218.95 m^3，平均残余瓦斯含量为 4.56 m^3/t，小于临界值 8 m^3/t。详见表 6-9。

表 6-9　3 号瓦斯抽采巷 $3^{\#}\sim10^{\#}$ 钻场抽排瓦斯量

指标	数值
风排瓦斯量/m³	76 376.43
冲出煤赋存瓦斯量/m³	6 043.02
瓦斯抽采量/m³	14 515.20
瓦斯抽排总量/m³	96 934.65

⑤ 726 工作面 $3^{\#}\sim10^{\#}$ 钻场控制机巷条带区段突出危险性综合评价

726 工作面 $3^{\#}\sim10^{\#}$ 钻场控制区段煤巷突出危险性论证结果如表 6-10 所列。从表中可以看出,通过采取综合水力化瓦斯抽采措施后,726 工作面 $3^{\#}\sim10^{\#}$ 钻场控制机巷条带煤体的最大残余瓦斯压力为 0.22 MPa,理论计算最大残余瓦斯含量为 4.78 m³/t,均小于突出临界值。钻孔冲出煤量占控制煤体的 3.13%,大于参考值 2.0%。综合上述各项指标,可以确认 $3^{\#}\sim10^{\#}$ 钻场控制的 726 工作面机巷条带区段已无突出危险性。

表 6-10　$3^{\#}\sim10^{\#}$ 钻场控制区段煤巷突出危险性评价指标

评价指标	指标临界值	726 工作面 $3^{\#}\sim10^{\#}$ 钻场控制区段的实际值
残余瓦斯压力/MPa	0.74	0.22
残余瓦斯含量/(m³/t)	8.0	4.78(压力推算),4.56(抽排量推算)
钻孔冲出煤量占比/%	2.0(参考值)	2.96
煤巷上下帮控制范围/m	15	15
钻孔布置均匀度	均匀	均匀
突出危险性	超出临界值有突出危险	无

整个 726 工作面的机巷、风巷及开切眼条带都是按照本小节所述方案进行煤巷条带解突工作的,煤巷掘进期间,机巷、风巷、开切眼三个煤巷掘进工作面同时施工。2010 年 3 月至 2010 年 10 月机巷掘进施工 680 m,2010 年 4 月至 2010 年 10 月风巷掘进施工 565 m,2010 年 7 月至 2010 年 10 月开切眼掘进施工 190 m。2010 年 10 月 5 日机巷与开切眼贯通,2010 年 10 月 15 日风巷与开切眼贯通,此时机巷、风巷、开切眼全线贯通。在 726 工作面煤巷掘进施工期间,每 10 m 采用钻屑瓦斯解析指标 K_1、Δh_2 及钻屑量 S_{max} 值进行一次区域验证,所有区域验证指标均低于突出临界指标,且煤巷掘进期间回风流中瓦斯浓度均处在较低水平(最高瓦斯浓度为 0.12%)。

（4）瓦斯抽采量预测

　　水侵煤层瓦斯运移的运移机理与常规的瓦斯渗流是有所区别的,为了预测水侵煤层瓦斯抽采量,建立一个 2D(100 m×100 m)的模型。为了减少运算量,选取 726 工作面顶板抽采巷中的一个钻场进行数值模拟。该模拟方案中,钻场共有 5×7=35 个钻孔。由于该工作面采用了水力冲孔措施,因此设定钻孔半径为 0.3 m,饱和水煤体区域半径为 0.5 m。同时,因为采用了水力化措施进行增透,钻孔周围的煤体孔隙率要高于煤层远端的孔隙率,所以将钻孔周围饱和水煤体区域的孔隙率设置为 10%,而将其他区域的煤体孔隙率设置为 5%。在数值模拟时,选用固体力学模块来描述煤体变形,达西模块来描述原始煤体中的渗流,多孔介质稀物质传递模块来描述瓦斯在饱和水煤体区域中的扩散。在达西流动区域与饱和水煤体区域之间用通量边界及浓度边界来描述物质的传递过程,渗流边界区域的外边界选用零流量边界,饱和水煤体和钻孔的接触边界为零浓度边界,如图 6-16 所示。

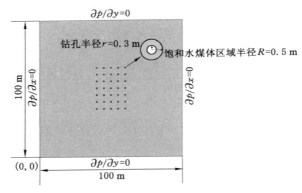

图 6-16　726 工作面单个钻场数值模拟模型图

　　为更好地验证该模型的准确性,使用的大部分数据是依据青东煤矿现场测试结果和前文实验结果进行赋值的,而现场瓦斯抽采数据来自青东煤矿 3 号瓦斯抽采巷 3$^{\#}$～10$^{\#}$ 抽采钻场,如表 6-11 所列。

表 6-11　水侵抽采钻孔数值模拟参数

参数	数值
煤的弹性模量 E/MPa	2 713
煤骨架的弹性模量 E_s/MPa	8 139
扩散系数 D_L/(m^2/s)	$6.7×10^{-9}$
亨利系数 H/(MPa · m^3/mol)	0.01
瓦斯动力黏度 μ/(Pa · s)	$1.84×10^{-5}$

表 6-11(续)

参数	数值
煤的密度 ρ_c/(kg/m³)	1 300
朗缪尔压力常数 P_L/MPa	1.16
朗缪尔体积常数 V_L/(kg/m³)	0.022
朗缪尔体积应变常数 ε_L	0.025
泊松比 υ	0.339
煤层温度 T/K	293
普适气体常数 R/[J/(mol·K)]	8.314
甲烷分子摩尔质量 M_g/(kg/mol)	0.016
初始渗透率 k_0/m²	$3.8×10^{-16}$

726 工作面 3 号瓦斯抽采巷 3#～10# 钻场的抽采时间为 2009 年 9 月 1 日至 2010 年 4 月 15 日,瓦斯抽采总量为 14 515.20 m³,平均单个钻场的瓦斯抽采量为 1 814.40 m³。图 6-17 为数值模拟结果和现场测试结果的对比图,可以看出,数值模拟结果与现场结果比较吻合。但是在初始阶段(150 d 以前),现场测试结果是略高于数值模拟结果的,分析认为,在初始阶段,钻孔内积水较少,或者地层水侵入煤层半径较小,从而导致在初始阶段现场测试数据略高于数值模拟结果。而且,数值模拟采用的钻孔数量是 726 工作面瓦斯防治设计方案中的钻孔数量,在现场钻孔施工时,由于部分钻孔位置偏离了预定位置,因此多数钻场的钻孔数量多于 35 个。因此,在初始阶段实际瓦斯抽采量要高于数值模拟计算量。随着时间的延长,现场的瓦斯抽采数据逐渐和数值模拟数据相互吻合。因此,本章所建立的数学模型可以较好地预测水侵钻孔瓦斯抽

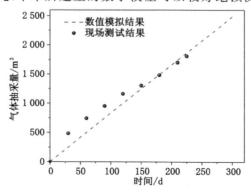

图 6-17　数值模拟结果与现场测试结果对比图

采量。此外,数值模拟结果表明,瓦斯抽采量与时间呈线性关系,这与常规钻孔的瓦斯抽采量曲线并不相符,分析认为,地层水入侵后,瓦斯抽采量下降,短时间内很难将煤层中大部分的瓦斯抽采出来,因此,不同于常规钻孔的抽采,在水侵抽采钻孔中必将需要更长的时间才能达到瓦斯抽采量曲线的衰减阶段,而本章已在 6.2.2 小节针对不同影响因素下的瓦斯抽采量曲线做出了详细解释。

综上所述,本章所建立的瓦斯运移数学模型可以准确地预测水侵下向穿层钻孔的瓦斯抽采量,从而为水侵煤层矿井瓦斯防治工作提供可靠的理论模型。

6.3　本章小结

针对水侵煤体的瓦斯压力测定工作,本章首先建立了水侵测压钻孔瓦斯运移数学模型,通过数值模拟的方法,分析了水侵半径、扩散系数和溶液对流等因素对瓦斯在钻孔水中溶解平衡时间的影响规律,然后提出了基于瓦斯溶解量的水侵煤层瓦斯压力测定方法,并通过现场工程试验验证了该方法的可行性。

然后,建立了水侵下向抽采钻孔中的瓦斯运移数学模型,通过数值模拟分析了扩散系数、渗透率、亨利系数和水侵半径对瓦斯抽采量的影响规律,最终利用该模型较为准确地预测了青东煤矿下向穿层钻孔的瓦斯抽采量。主要研究结论如下:

(1) 建立了水侵测压钻孔瓦斯运移数学模型,该模型考虑了煤体变形、密度差引起的溶液对流和溶质扩散 3 个物理场对瓦斯运移的影响。并通过数值模拟结果和现场试验结果对比,验证了该模型的准确性。

(2) 数值分析了水侵半径、扩散系数和溶液对流对瓦斯在钻孔水中平衡时间的影响。结果表明,瓦斯扩散系数和水侵煤层半径是影响瓦斯溶解平衡的关键因素。瓦斯在短时间内可以迅速溶解到钻孔水中,特别地,当地层水在测压钻孔内聚集时,仅 3 d 时间就可以达到最大溶解度的 94% 以上。而一旦地层水侵入煤层后,瓦斯在饱和水煤体中的有效扩散系数较低,致使平衡时间极大的延长。此外,溶液对流现象会使钻孔底部水溶液中的瓦斯溶解量更高。而且,当地层水侵入煤层后,随着时间推移,对流现象更加明显。

(3) 提出了基于瓦斯溶解量的水侵钻孔瓦斯压力测定方法,并研制了配套装备,利用该装备测试了桃园煤矿 10 煤层和信湖煤矿 5 煤层水侵钻孔的瓦斯压力,为水侵煤层瓦斯压力测定工作提供了新的思路和方法。

（4）建立了水侵下向抽采钻孔瓦斯运移数学模型，该模型分为原始煤体中的瓦斯渗流和饱和水煤体中的瓦斯扩散两个部分，利用亨利定律将原始煤体中压力驱动的渗流转变为密度驱动的扩散运移。通过该模型较为准确地预测了青东煤矿726工作面水侵下向穿层钻孔的瓦斯抽采量。

（5）将水侵煤层的瓦斯抽采量曲线分为线性曲线和对数曲线。扩散系数越高、渗透率越低、亨利系数越低、水侵煤层半径越小，瓦斯抽采量曲线越接近对数曲线；反之，则越接近线性曲线。结合饱和水煤体区域边界处的孔隙压力和气体浓度变化规律进一步阐释了瓦斯抽采量变化的具体原因。

7　结论及展望

7.1　主要结论

我国矿井水文地质条件复杂,多数矿井煤层位于富含水的煤系地层中。而地层水通过穿层钻孔侵入煤层给矿井瓦斯防治工作带来了极大的难题。对于测压钻孔,地层水侵入钻孔后会致使瓦斯压力测定失败,无法获得煤层的真实瓦斯压力,给矿井瓦斯灾害的预测预报带来了困难。对于抽采钻孔,尤其是长距离下向穿层抽采钻孔,钻孔内的积水及钻孔周围的饱和水煤体区域致使瓦斯运移机制发生改变,使得传统渗流模型无法准确描述瓦斯运移规律。因此,为了提高水侵煤层的瓦斯压力测定成功率及准确描述水侵下向穿层钻孔的瓦斯抽采运移规律,本书针对水侵煤体瓦斯运移机制开展了系统的研究工作。

地层水侵入煤层后首先会造成煤体孔隙结构的变化,因此本书通过实验测试和理论分析掌握了水侵对煤体孔隙结构的影响规律。其次,研究了不同温度、压力、矿物质浓度及矿井水中的瓦斯溶解规律和扩散运移规律;建立了瓦斯在饱和水煤体中有效扩散系数计算模型,实验测试了不同条件下瓦斯在饱和水煤体中的有效扩散系数,并分析了不同因素对饱和水煤体瓦斯有效扩散系数的影响机制。最后,建立了水侵煤体瓦斯运移数学模型,包括水侵测压钻孔瓦斯运移数学模型和水侵抽采钻孔瓦斯运移数学模型。在此基础上,提出了基于瓦斯溶解量的水侵钻孔瓦斯压力测定方法,研发了相关测压装备,并成功测试了桃园煤矿 10 煤层和信湖煤矿 5 煤层的瓦斯压力。结合青东煤矿下向穿层钻孔解突工作,准确预测了水侵下向穿层钻孔的瓦斯抽采量。研究成果可为水侵煤层的矿井瓦斯防治工作提供理论和工程基础。

本书主要研究结论如下:

(1) 通过 XRD 实验、低温 N_2 吸附实验和 CO_2 吸附实验,测试了水侵前后煤体的矿物质及孔隙结构的变化规律。结果表明:水侵会降低煤体中的矿物质含量,且对黏土矿物质和方解石影响较为明显;水侵后,煤体孔隙的孔体积和比表面积增加,尤其是微孔孔体积和微孔比表面积得到了显著的增加。通过 FHH 模型计算了水侵前后煤体的分形维数,结果表明水侵会促使煤体分形维数 D_1 降低,说明水侵可以使煤体孔隙的表面粗糙程度下降,但是会使分形维数 D_2 增加,说明水侵的增孔和扩孔作用致使煤体孔隙的孔体积增加。此外,还分别从黏土矿物质崩塌、矿物质溶解和煤体溶胀等方面分析了水侵对煤体孔隙结构的影响机制。

(2) 实验测试了不同矿井水中的主要物质成分,并以此为依据配置了不同类型的水溶液,通过自主设计的瓦斯溶解度实验系统测试了不同温度、压力、矿物质浓度及矿井水中的瓦斯溶解规律。结果表明:矿井水中阳离子的主要成分为 K^+ 和 Na^+,阴离子的主要成分为 Cl^- 和 HCO_3^-;依据化学耗氧量测试结果判断出,两种矿井水中都含有较多的有机质;在测试范围内,瓦斯溶解度随着压力的增加而增加,随着温度和矿化度的升高而降低;由于有机质的增溶作用,矿井水中的瓦斯溶解度明显高于蒸馏水中的溶解度,且瓦斯溶解度与平衡压力呈明显的线性关系。利用间隙填充理论、水合作用理论和有机质增溶作用阐释了各因素对瓦斯溶解度的影响机制。

(3) 实验测试了瓦斯在不同压力、温度、矿物质浓度及矿井水中的扩散运移规律。结果表明:瓦斯在水溶液中的扩散系数随着瓦斯压力和温度的增加而增加,随着矿物质浓度的增加呈先升高后降低的趋势;矿井水中的有机质会提高瓦斯气体的扩散能力。从液体黏度、分子无规则运动、水溶液有效间隙、水合作用及可溶有机质的包裹携带作用等角度深入分析了不同因素对瓦斯扩散系数的影响机制。

(4) 建立了瓦斯在饱和水煤体中的有效扩散系数计算模型,并实验测得了不同压力及变质程度饱和水煤体中的有效扩散系数。结果表明:通过与传统有效扩散系数计算模型对比,本书所建立的有效扩散系数计算模型更适合计算煤体等具有强烈吸附能力多孔介质的有效扩散系数;瓦斯在饱和水煤体中的有效扩散系数随着压力的增加而增加,随着变质程度的增加而减低。NMR 测试结果表明,随着煤体变质程度的增加,煤体孔隙类型逐渐由微孔和中孔主导转变为微孔主导,且煤体孔隙连通性降低,致使瓦斯在饱和水煤体中的有效扩散系数逐渐降低。此外,还理论分析了压力、孔隙结构和吸附作用对瓦斯有效扩散系数的影响机制。

(5) 建立了水侵测压钻孔瓦斯运移数学模型,通过对比现场试验结果,验证了该模型的准确性,数值分析了水侵半径、扩散系数和溶液对流对瓦斯在钻孔水中溶解平衡时间的影响规律。结果表明：瓦斯扩散系数和水侵半径是影响瓦斯溶解平衡时间的关键。瓦斯在短时间内可以迅速溶解到钻孔水中，特别地，当地层水在测压钻孔内聚集的过程中，仅 3 d 时间就可以达到最大溶解度的 94% 以上。而一旦地层水侵入煤层后，瓦斯在饱和水煤体中的有效扩散系数较低，导致平衡时间极大的延长。此外，溶液对流现象会使钻孔底部水溶液中的瓦斯溶解量更高。而且，当地层水侵入煤层后，随着时间推移，对流现象更加明显。

（6）提出了基于瓦斯溶解量的水侵钻孔瓦斯压力测定方法，并研制了配套测压装置，利用该装置测试了桃园煤矿 10 煤层和信湖煤矿 5 煤层的水侵钻孔瓦斯压力，为水侵煤层瓦斯压力测定工作提供了新的思路、装备和方法。

（7）建立了水侵抽采钻孔瓦斯运移数学模型，然后数值模拟分析了扩散系数、渗透率、亨利系数和水侵煤层半径对瓦斯抽采量的影响。结果表明：扩散系数越高、渗透率越低、亨利系数越低、水侵煤层半径越小，瓦斯抽采量越高，抽采曲线越接近对数曲线；反之，则抽采量越小，越接近线性曲线。结合饱和水煤体区域边界处的孔隙压力和气体浓度变化规律进一步阐释了瓦斯抽采量变化的具体原因。最终，利用该模型准确预测了青东煤矿 726 工作面水侵下向穿层钻孔的瓦斯抽采量。

7.2 主要创新点

（1）掌握了水侵对煤体孔隙结构的影响规律。

分析了水侵前后煤体矿物质、煤体孔隙结构及煤体分形维数的变化规律；结合黏土矿物质崩塌、矿物质溶解及煤体溶胀作用揭示了水侵对煤体孔隙结构的影响机制。

（2）建立了饱和水煤体瓦斯有效扩散系数计算模型，掌握了瓦斯在水及饱和水煤体中的溶解-扩散运移机理。

实验研究了不同条件下瓦斯在水中的溶解-扩散运移规律，揭示了不同因素对瓦斯在水中溶解-扩散运移的影响机制；建立了饱和水煤体瓦斯有效扩散系数计算模型，实验研究了瓦斯在不同变质程度饱和水煤体中的有效扩散系数变化规律，揭示了水溶液成分、瓦斯压力、孔隙结构和吸附效应对瓦斯有效扩散系数的影响机制。

（3）建立了水侵煤体瓦斯运移数学模型，提出了水侵钻孔瓦斯压力测定方法，准确预测了水侵钻孔瓦斯抽采量。

建立了水侵测压钻孔瓦斯运移数学模型，分析了不同因素对水侵测压钻孔中瓦斯溶解平衡时间的影响规律,提出了基于瓦斯溶解量的煤层瓦斯压力测定方法,并进行了工程试验;建立了水侵抽采钻孔瓦斯运移数学模型,分析了不同因素对水侵钻孔瓦斯抽采量的影响规律,并准确预测了青东煤矿726工作面水侵下向穿层钻孔的瓦斯抽采量。

7.3　研究展望

在富含水的煤系地层中,地层水侵入穿层钻孔致使瓦斯运移方式发生改变,因此深入研究水侵煤体瓦斯运移机制对富含水煤系地层中的瓦斯防治工作具有重要意义。尽管本书通过理论分析、实验室研究、数值模拟和工程试验相结合的方法初步探索了水侵煤体瓦斯运移机制,但在真实储层中,瓦斯运移还会受到地应力的影响,而且煤本身是一种具有强烈吸附能力的复杂多孔介质,同时具有一定的非均质性和各向异性。因此,在今后的工作中仍然有以下几个方面有待进一步深入研究:

（1）改进实验系统,开展真三轴条件下瓦斯有效扩散系数的测定工作,从而探索应力对瓦斯有效扩散系数的影响规律。

（2）改进测压装备,本书所设计的测压装备忽略了在常压条件下仍然会有少量瓦斯气体溶解在水溶液中的情况,在今后的工作中可以将超声脱气装置应用到测压装备中从而使得测量的瓦斯溶解量更加精确。

（3）研究煤体的非均质性和各向异性,进一步改进有效扩散系数计算模型和数值模拟控制方程,从而使得所建立的瓦斯运移数学模型更加接近实际情况。

（4）针对水侵积水钻孔的瓦斯抽采,提出切实有效的抽采方法。

参 考 文 献

［1］ 国家统计局. 中华人民共和国 2019 年国民经济和社会发展统计公报［EB/OL］.（2020-02-28）［2020-02-28］. http://www. stats. gov. cn/tjsj/zxfb/202002/t20200228_1728913. html.

［2］ 中国工程院项目组. 中国能源中长期（2030、2050）发展战略研究：综合卷［M］. 北京：科学出版社，2011.

［3］ 袁亮. 我国深部煤与瓦斯共采战略思考［J］. 煤炭学报，2016，41（1）：1-6.

［4］ 袁亮. 卸压开采抽采瓦斯理论及煤与瓦斯共采技术体系［J］. 煤炭学报，2009，34（1）：1-8.

［5］ ZHOU F B，XIA T Q，WANG X X，et al. Recent developments in coal mine methane extraction and utilization in china：a review［J］. Journal of natural gas science and engineering，2016，31：437-458.

［6］ YIN G Z，JIANG C B，WANG J G，et al. A new experimental apparatus for coal and gas outburst simulation［J］. Rock mechanics and rock engineering，2016，49（5）：2005-2013.

［7］ PAN J N，LV M M，HOU Q L，et al. Coal microcrystalline structural changes related to methane adsorption/desorption［J］. Fuel，2019，239：13-23.

［8］ CHENG W M，LIU Z，YANG H，et al. Non-linear seepage characteristics and influential factors of water injection in gassy seams［J］. Experimental thermal and fluid science，2018，91：41-53.

［9］ ZHANG J C，SHEN B H. Coal mining under aquifers in China：a case study［J］. International journal of rock mechanics and mining sciences，2004，41（4）：629-639.

［10］ LI J，LI X F，WANG X Z，et al. Water distribution characteristic and effect on methane adsorption capacity in shale clay［J］. International journal of coal geology,2016,159:135-154.

[11] ZHANG C,CHANG J,LI S G,et al. Experimental study comparing the microscopic properties of a new borehole sealing material with ordinary cement grout[J]. Environmental earth sciences,2019,78(5):149.

[12] SI L L,LI Z H,XUE D Z,et al. Modeling and application of gas pressure measurement in water-saturated coal seam based on methane solubility[J]. Transport in porous media,2017,119(1):163-179.

[13] SI L L, LI Z H, YANG Y L, et al. Modeling of gas migration in water-intrusion coal seam and its inducing factors[J]. Fuel,2017,210:398-409.

[14] 郑万成,杨胜强,马伟.影响煤层瓦斯压力测定的因素分析[J].煤矿安全,2009,40(4):82-84.

[15] 张兵兵,杨胜强,鹿存荣,等.主动测压法测定煤层瓦斯压力中补偿气体的选择[J].煤炭科学技术,2011,39(10):62-64.

[16] 杨洋,蒋承林,何明霞.近距离煤层群条件下穿煤层瓦斯压力测定技术[J].煤炭科学技术,2011,39(2):51-54.

[17] 曲荣飞,兰泽全.间接法测算煤层瓦斯压力现状[J].煤矿安全,2009,40(8):86-89.

[18] 兰泽全,曲荣飞,陈学习,等.直接法测定煤层瓦斯压力现状及分析[J].煤矿安全,2009,40(4):74-78.

[19] 胡东亮,周福宝,张仁贵,等.影响煤层瓦斯压力测定结果的关键因素分析[J].煤炭科学技术,2010,38(2):28-31.

[20] 何书建,张仁贵,王凯,等.新型封孔技术在煤层瓦斯压力测定中的应用[J].煤炭科学技术,2003,31(10):33-35.

[21] 韩颖,蒋承林.初始释放瓦斯膨胀能与煤层瓦斯压力的关系[J].中国矿业大学学报,2005,34(5):650-654.

[22] 安丰华,程远平,吴冬梅,等.基于瓦斯解吸特性推算煤层瓦斯压力的方法[J].采矿与安全工程学报,2011,28(1):81-85.

[23] 殷文韬,刘明举,温志辉,等.煤层瓦斯抽放封孔工艺研究与应用[J].煤炭工程,2011(2):31-33.

[24] 周福宝,李金海,昃玺,等.煤层瓦斯抽放钻孔的二次封孔方法研究[J].中国矿业大学学报,2009,38(6):764-768.

[25] 黄鑫业,蒋承林.本煤层瓦斯抽采钻孔带压封孔技术研究[J].煤炭科学技术,2011,39(10):45-48.

[26] 王兆丰,武炜.煤矿瓦斯抽采钻孔主要封孔方式剖析[J].煤炭科学技术,

2014,42(6):31-34.

[27] 刘三钧,薛志俊,林柏泉. 含水煤岩层瓦斯压力测定新技术[J]. 中国安全科学学报,2010,20(10):97-100.

[28] 张嘉勇,周凤增,王凯,等. 基于自动水位补偿的含水煤层瓦斯压力测定方法研究[J]. 工业安全与环保,2017,43(7):19-23.

[29] NIE B S,LIU X F,YUAN S F,et al. Sorption charateristics of methane among various rank coals:impact of moisture[J]. Adsorption,2016,22(3):315-325.

[30] SU X B,WANG Q,SONG J X,et al. Experimental study of water blocking damage on coal[J]. Journal of petroleum science and engineering,2017,156:654-661.

[31] 陈加军,赵先凯. 下向抽放钻孔正压排水研究与应用[C]//中国煤炭学会煤矿安全专业委员会,中国煤炭工业劳动保护科学技术学会瓦斯防治专业委员会,中国煤炭工业劳动保护科学技术学会火灾防治专业委员会. 2007 年全国煤矿安全学术年会会议资料汇编. 深圳:[出版者不详],2007:149-153.

[32] 王良金,刘晓. 含水煤层下向钻孔抽采增产技术研究[J]. 煤炭技术,2014,33(6):108-110.

[33] 周鑫隆,柏发松,石必明,等. 下向穿层钻孔条带预抽瓦斯技术研究[J]. 中国安全生产科学技术,2014,10(12):149-154.

[34] 高建成,李迎旭,王娟. 下行穿层瓦斯抽采钻孔排水与增采封孔工艺优化[J]. 能源与环保,2017(3):157-161.

[35] CHENG W M,NI G H,LI Q G,et al. Pore connectivity of different ranks of coals and their variations under the coupled effects of water and heat[J]. Arabian journal for science and engineering,2017,42(9):3839-3847.

[36] LIU X F,NIE B S. Fractal characteristics of coal samples utilizing image analysis and gas adsorption[J]. Fuel,2016,182:314-322.

[37] NIE B S,LIU X F,YANG L L,et al. Pore structure characterization of different rank coals using gas adsorption and scanning electron microscopy[J]. Fuel,2015,158:908-917.

[38] YAN F Z,XU J,LIN B Q,et al. Effect of moisture content on structural evolution characteristics of bituminous coal subjected to high-voltage electrical pulses[J]. Fuel,2019,241:571-578.

[39] ZHU W C,LIU L Y,LIU J S,et al. Impact of gas adsorption-induced coal damage on the evolution of coal permeability[J]. International journal of rock mechanics and mining sciences,2018,101:89-97.

[40] ZHAO W,CHENG Y P,PAN Z J,et al. Gas diffusion in coal particles: a review of mathematical models and their applications[J]. Fuel,2019, 252:77-100.

[41] ZHAO P X,ZHUO R S,LI S G,et al. Experimental research on the properties of "solid-gas" coupling physical simulation similar materials and testing by computer of gas in coal rock[J]. Wireless personal communications,2018,102(2):1539-1556.

[42] SONG S,QIN B T,XIN H H,et al. Exploring effect of water immersion on the structure and low-temperature oxidation of coal: a case study of shendong long flame coal,China[J]. Fuel,2018,234:732-737.

[43] 李云飞. 长期水浸风干焦煤自燃特性及参数实验研究[D]. 太原:太原理工大学,2017.

[44] 宋申,邬剑明,王俊峰,等. 水浸煤二次氧化特性研究[J]. 煤矿安全, 2017,48(7):32-35.

[45] 秦小文. 浸水风干煤体低温氧化特性研究[D]. 徐州:中国矿业大学,2015.

[46] YANG Y L,LI Z H,SI L L,et al. Study governing the impact of long-term water immersion on coal spontaneous ignition[J]. Arabian journal for science and engineering,2017,42(4):1359-1369.

[47] 顾范君. 桃园煤矿长时水淹后煤体瓦斯吸附及渗流特性的实验研究[D]. 徐州:中国矿业大学,2016.

[48] 薛晋霞,刘中华,杨栋,等. 超临界水抽提改造低渗透煤的实验研究[J]. 科技情报开发与经济,2007,17(9):178-180.

[49] 李鑫. 浸水风干煤体自燃氧化特性参数实验研究[D]. 徐州:中国矿业大学,2014.

[50] 何勇军. 水浸烟煤低温氧化过程中微观结构变化规律研究[D]. 西安:西安科技大学,2016.

[51] ZHANG Y I,JAIN P,CHEN R,et al. Solubility measurements for CO_2 and methane mixture in water and aqueous electrolyte solutions near hydrate conditions[J]. Advances in the study of gas hydrates,2004: 157-171.

［52］ YAMAMOTO S, ALCAUSKAS J B, CROZIER T E. Solubility of methane in distilled water and seawater［J］. Journal of chemical & engineering data,1976,21(1):78-80.

［53］ WIESENBURG D A, GUINASSO N L. Equilibrium solubilities of methane,carbon monoxide,and hydrogen in water and sea water［J］. Journal of chemical & engineering data,1979,24(4):356-360.

［54］ SONG K Y, FENEYROU G, FLEYFEL F,et al. Solubility measurements of methane and ethane in water at and near hydrate conditions ［J］. Fluid phase equilibria,1997,128(1/2):249-259.

［55］ SERRA M C C, PESSOA F L P, PALAVRA A M F. Solubility of methane in water and in a medium for the cultivation of methanotrophs bacteria［J］. The journal of chemical thermodynamics,2006,38(12): 1629-1633.

［56］ MA J, HUANG Z. Experiments of methane gas solubility in formation water under high temperature and high pressure and their geological significance［J］. Australian journal of earth sciences, 2017, 64 (3): 335-342.

［57］ SUN R,DUAN Z H. An accurate model to predict the thermodynamic stability of methane hydrate and methane solubility in marine environments［J］. Chemical geology,2007,244(1/2):248-262.

［58］傅雪海,秦勇,杨永国,等. 甲烷在煤层水中溶解度的实验研究［J］. 天然气地球科学,2004,15(4):345-348.

［59］ RETTICH T R, HANDA Y P, BATTINO R,et al. Solubility of gases in liquids. 13. High-precision determination of Henry's constants for methane and ethane in liquid water at 275 to 328 K［J］. The journal of physical chemistry A,1981,85(22):3230-3237.

［60］ CHAPOY A, MOHAMMADI A H, RICHON D,et al. Gas solubility measurement and modeling for methane-water and methane-ethane-n-butane-water systems at low temperature conditions［J］. Fluid phase equilibria,2004,220(1):113-121.

［61］ LEKVAM K, BISHNOI P R. Dissolution of methane in water at low temperatures and intermediate pressures［J］. Fluid phase equilibria, 1997,131(1/2):297-309.

［62］孙红明.阜康矿区煤储层水溶气含量模拟与水文地质控气研究［D］.徐

州:中国矿业大学,2015.

[63] 付晓泰,王振平,卢双舫,等.天然气在盐溶液中的溶解机理及溶解度方程[J].石油学报,2000,21(3):89-94.

[64] 段振豪,卫清.气体(CH_4、H_2S、CO_2)等在水溶液中的溶解度模型[J].地质学报,2011,85(7):1079-1093.

[65] DUAN Z H,SUN R. A model to predict phase equilibrium of CH_4 and CO_2 clathrate hydrate in aqueous electrolyte solutions[J]. American mineralogist,2015,91(8/9):1346-1354.

[66] DUAN Z H,MØLLER N,WEARE J H. An equation of state for the CH_4-CO_2-H_2O system:I. pure systems from 0 to 1 000 ℃ and 0 to 8 000 bar[J]. Geochimica et cosmochimica acta,1992,56(7):2605-2617.

[67] DUAN Z H,SUN R. An improved model calculating CO_2 solubility in pure water and aqueous NaCl solutions from 273 to 533 K and from 0 to 2 000 bar[J]. Chemical geology,2003,193(3/4):257-271.

[68] 王锦山,王力,刘明远,等.水溶解煤层气的特征及规律试验研究[J].辽宁工程技术大学学报,2006,25(1):14-16.

[69] 范泓澈,黄志龙,袁剑,等.富甲烷天然气溶解实验及水溶气析离成藏特征[J].吉林大学学报(地球科学版),2011,41(4):1033-1039.

[70] 范泓澈,黄志龙,袁剑,等.高温高压条件下甲烷和二氧化碳溶解度试验[J].中国石油大学学报(自然科学版),2011,35(2):6-11.

[71] DUAN Z H,MØLLER N,GREENBERG J,et al. The prediction of methane solubility in natural waters to high ionic strength from 0 to 250 ℃ and from 0 to 1 600 bar[J]. Geochimica et cosmochimica acta,1992,56(4):1451-1460.

[72] 陆勇敢,黄苹.焦作矿井水矿物质成分调查与利用途径探讨[J].中州煤炭,2001(4):25-27.

[73] WANG Z Z,PAN J N,HOU Q L,et al. Anisotropic characteristics of low-rank coal fractures in the Fukang mining area,China[J]. Fuel,2018,211:182-193.

[74] LIU X F,SONG D Z,HE X Q,et al. Insight into the macromolecular structural differences between hard coal and deformed soft coal[J]. Fuel,2019,245:188-197.

[75] JIANG C B,DUAN M K,YIN G Z,et al. Experimental study on seepage properties,AE characteristics and energy dissipation of coal under

tiered cyclic loading[J]. Engineering geology,2017,221:114-123.

[76] CHENG Y G,LU Y Y,GE Z L,et al. Experimental study on crack propagation control and mechanism analysis of directional hydraulic fracturing[J]. Fuel,2018,218:316-324.

[77] TAN Y L,PAN Z J,LIU J S,et al. Experimental study of impact of anisotropy and heterogeneity on gas flow in coal. Part Ⅰ:diffusion and adsorption[J]. Fuel,2018,232:444-453.

[78] TAN Y L,PAN Z J,LIU J S,et al. Experimental study of impact of anisotropy and heterogeneity on gas flow in coal. Part Ⅱ:permeability [J]. Fuel,2018,230:397-409.

[79] CHEN Z W,LIU J S,ELSWORTH D,et al. Roles of coal heterogeneity on evolution of coal permeability under unconstrained boundary conditions[J]. Journal of natural gas science and engineering,2013,15:38-52.

[80] CUI G L,LIU J S,WEI M Y,et al. Why shale permeability changes under variable effective stresses:new insights[J]. Fuel,2018,213:55-71.

[81] 翟成.近距离煤层群采动裂隙场与瓦斯流动场耦合规律及防治技术研究[D].徐州:中国矿业大学,2008.

[82] 袁亮.复杂特困条件下煤层群瓦斯抽放技术研究[J].煤炭科学技术,2003,31(11):1-4.

[83] 杨宏民.井下注气驱替煤层甲烷机理及规律研究[D].焦作:河南理工大学,2010.

[84] 王登科.含瓦斯煤岩本构模型与失稳规律研究[D].重庆:重庆大学,2009.

[85] 刘明举,何学秋.煤层透气性系数的优化计算方法[J].煤炭学报,2004,29(1):74-77.

[86] 冯增朝.低渗透煤层瓦斯抽放理论与应用研究[D].太原:太原理工大学,2005.

[87] 段三明,聂百胜.煤层瓦斯扩散-渗流规律的初步研究[J].太原理工大学学报,1998,29(4):413-416,421.

[88] 程远平,俞启香,袁亮,等.煤与远程卸压瓦斯安全高效共采试验研究[J].中国矿业大学学报,2004,33(2):132-136.

[89] 程远平,付建华,俞启香.中国煤矿瓦斯抽采技术的发展[J].采矿与安全

工程学报,2009,26(2):127-139.

[90] 赵阳升,秦惠增,白其峥.煤层瓦斯流动的固-气耦合数学模型及数值解法的研究[J].固体力学学报,1994,15(1):49-57.

[91] 蒋长宝,段敏克,尹光志,等.不同含水状态下含瓦斯原煤加卸载试验研究[J].煤炭学报,2016,41(9):2230-2237.

[92] STOECKLI F, LÓPEZ-RAMÓN M V, MORENO-CASTILLA C. Adsorption of phenolic compounds from aqueous solutions, by activated carbons, described by the Dubinin-Astakhov equation[J]. Langmuir, 2001,17(11):3301-3306.

[93] ZHU W C, WEI C H, LIU J, et al. A model of coal-gas interaction under variable temperatures[J]. International journal of coal geology, 2011,86(2/3):213-221.

[94] YE Z H, CHEN D, WANG J G. Evaluation of the non-Darcy effect in coalbed methane production[J]. Fuel,2014,121:1-10.

[95] CLARKSON C R, RAHMANIAN M, KANTZAS A, et al. Relative permeability of CBM reservoirs: controls on curve shape[J]. International journal of coal geology,2011,88(4):204-217.

[96] RUCKENSTEIN E, VAIDYANATHAN A S, YOUNGQUIST G R. Sorption by solids with bidisperse pore structures [J]. Chemical engineering science,1971,26(9):1305-1318.

[97] CLARKSON C R, BUSTIN R M. The effect of pore structure and gas pressure upon the transport properties of coal: a laboratory and modeling study. 1. Isotherms and pore volume distributions[J]. Fuel,1999, 78(11):1333-1344.

[98] HELLER R, VERMYLEN J, ZOBACK M. Experimental investigation of matrix permeability of gas shales[J]. AAPG bulletin,2014,98(5): 975-995.

[99] LIU T, LIN B Q, YANG W. Impact of matrix-fracture interactions on coal permeability: model development and analysis[J]. Fuel,2017,207: 522-532.

[100] ZHANG R L, YIN X L, WINTERFELD P H, et al. A fully coupled thermal-hydrological-mechanical-chemical model for CO_2 geological sequestration[J]. Journal of natural gas science and engineering,2016, 28:280-304.

[101] 刘清泉.多重应力路径下双重孔隙煤体损伤扩容及渗透性演化机制与应用[D].徐州:中国矿业大学,2015.

[102] MENG S Z,LI Y,WANG L,et al. A mathematical model for gas and water production from overlapping fractured coalbed methane and tight gas reservoirs[J]. Journal of petroleum science and engineering, 2018,171:959-973.

[103] 骆祖江,张珍.水气二相渗流耦合模型及其应用[J].水文地质工程地质,2004,31(3):51-54.

[104] 孙可明,梁冰,王锦山.煤层气开采中两相流阶段的流固耦合渗流[J].辽宁工程技术大学学报(自然科学版),2001,20(1):36-39.

[105] CHEN X J,LI L Y,CHENG Y P,et al. Experimental study of the influences of water injections on CBM exploitation [J]. Energy sources,part A:recovery,utilization,and environmental effects,2019: 1-12.

[106] GAO Y H,CHEN Y,CHEN L T,et al. Experimental investigation on the permeability of a hydrate-bearing reservoir considering overburden pressure[J]. Fuel,2019,246:308-318.

[107] JIANG Z Z,LI Q G,HU Q T,et al. Underground microseismic monitoring of a hydraulic fracturing operation for CBM reservoirs in a coal mine[J]. Energy science & engineering,2019,7(3):986-999.

[108] LU Y Y,XIAO S Q,GE Z L,et al. Experimental study on rock-breaking performance of water jets generated by self-rotatory bit and rock failure mechanism[J]. Powder technology,2019,346:203-216.

[109] LU Y Y,YANG F,GE Z L,et al. Influence of viscoelastic surfactant fracturing fluid on permeability of coal seams[J]. Fuel,2017,194:1-6.

[110] SU X B,WANG Q,LIN H X,et al. A combined stimulation technology for coalbed methane wells:part 2. Application[J]. Fuel,2018,233:539-551.

[111] SU X B,WANG Q,LIN H X,et al. A combined stimulation technology for coalbed methane wells:part 1. Theory and technology[J]. Fuel, 2018,233:592-603.

[112] BAI T H,CHEN Z W,AMINOSSADATI S M,et al. Dimensional analysis and prediction of coal fines generation under two-phase flow conditions[J]. Fuel,2017,194:460-479.

[113] 王锦山.煤层气储层两相流渗透率试验研究[J].西安科技大学学报,

2006,26(1):24-26,103.

[114] 张永利,邵英楼,王来贵.水-煤层气两相流体在煤层中的渗流规律[J].地质灾害与环境保护,2001,12(4):63-66.

[115] 吕祥锋,潘一山,刘建军,等.煤层气-水两相流渗透率测定实验研究[J].水资源与水工程学报,2010,21(2):29-32.

[116] 潘一山,唐巨鹏,李成全.煤层中气水两相运移的 NMRI 试验研究[J].地球物理学报,2008,51(5):1620-1626.

[117] 唐巨鹏.煤层气赋存运移的核磁共振成像理论和实验研究[D].阜新:辽宁工程技术大学,2006.

[118] 李明助.受载含瓦斯煤水气两相渗流规律与流固耦合模型研究[D].焦作:河南理工大学,2015.

[119] MA T R,RUTQVIST J,OLDENBURG C M,et al. Fully coupled two-phase flow and poromechanics modeling of coalbed methane recovery: impact of geomechanics on production rate[J]. Journal of natural gas science and engineering,2017,45:474-486.

[120] 李义贤.考虑温度作用下煤层气-水两相流运移规律的研究[D].阜新:辽宁工程技术大学,2009.

[121] LI S,FAN C J,HAN J,et al. A fully coupled thermal-hydraulic-mechanical model with two-phase flow for coalbed methane extraction [J]. Journal of natural gas science and engineering,2016,33:324-336.

[122] GHOLAMI Y,AZIN R,FATEHIR,et al. Suggesting a numerical pressure-decay method for determining CO_2 diffusion coefficient in water[J]. Journal of molecular liquids,2015,211:31-39.

[123] ORGOGOZO L,GOLFIER F,BUèS M A,et al. A dual-porosity theory for solute transport in biofilm-coated porous media[J]. Advances in water resources,2013,62:266-279.

[124] WEI X R,SHAO M A,HORTON R,et al. Humic acid transport in water-saturated porous media[J]. Environmental modeling & assessment,2010,15(1):53-63.

[125] NAKASHIMA Y. The use of X-ray CT to measure diffusion coefficients of heavy ions in water-saturated porous media[J]. Engineering geology,2000,56(1/2):11-17.

[126] 肖吉,陆九芳,陈健,等.超临界水中气体扩散系数的分子动力学模拟[J].高校化学工程学报,2001,15(1):6-10.

[127] 许辉,刘清芝,胡仰栋,等.气体在水中扩散过程的分子模拟[J].计算机与应用化学,2009,26(2):153-156.

[128] 钟颖,王瑨,陈志谦.小分子气体在聚叔丁基乙炔中扩散溶解行为的分子动力学模拟[J].西南大学学报(自然科学版),2012,34(3):54-61.

[129] 周健,陆小华,王延儒,等.气体在水中的分子动力学模拟[J].高校化学工程学报,2000,14(1):1-6.

[130] MOGHADDAM R N,ROSTAMI B,POURAFSHARY P. Quantification of density-driven natural convection for dissolution mechanism in CO_2 sequestration[J]. Transport in porous media,2012,92(2):439-456.

[131] 王忠民,黄国祥,朱冬生,等.层流液柱吸收法测定气体在液相中的扩散系数[J].华南理工大学学报(自然科学版),1994,22(2):18-25.

[132] 郭平,汪周华,沈平平,等.高温高压气体-原油分子扩散系数研究[J].西南石油大学学报(自然科学版),2010,32(1):73-79.

[133] 李强,李宇,普小云.用毛细管焦点成像法测量液相扩散系数[C]//中国光学学会.中国光学学会 2011 年学术大会摘要集.深圳:中国光学学会,2011:276.

[134] ZHANG W D,WU S L,REN S R,et al. The modeling and experimental studies on the diffusion coefficient of CO_2 in saline water[J]. Journal of CO_2 utilization,2015,11:49-53.

[135] GUO H R,CHEN Y,LU W J,et al. In situ Raman spectroscopic study of diffusion coefficients of methane in liquid water under high pressure and wide temperatures[J]. Fluid phase equilibria,2013,360:274-278.

[136] 蔺林林,郭会荣,郝璇,等.激光拉曼原位观测储层温度压力条件下乙烷在纯水中的扩散系数[J].地球科学(中国地质大学学报),2014,39(11):1684-1692.

[137] 李兰兰.显微激光拉曼光谱原位测定广阔温压条件下 CO_2、CH_4 在盐水溶液中的扩散系数[D].武汉:中国地质大学(武汉),2013.

[138] HILL E S,LACEY W N. Rate of solution of propane in quiescent liquid hydrocarbons[J]. Industrial & engineering chemistry,1934,26(12):1327-1331.

[139] 颜景前.煤层孔隙水中瓦斯运移规律研究[D].徐州:中国矿业大学,2016.

[140] JAFARI RAAD S M,AZIN R,OSFOURI S. Measurement of CO_2

diffusivity in synthetic and saline aquifer solutions at reservoir conditions:the role of ion interactions[J]. Heat and mass transfer, 2015,51(11):1587-1595.

[141] ZHANG Y P, HYNDMAN C L, MAINI BB. Measurement of gas diffusivity in heavy oils[J]. Journal of petroleum science and engineering,2000,25(1/2):37-47.

[142] MARTINS C F,NEVES L A,ESTEVÃO M,et al. Effect of water activity on carbon dioxide transport in cholinium-based ionic liquids with carbonic anhydrase[J]. Separation and purification technology, 2016,168:74-82.

[143] HOU Y,BALTUS R E. Experimental measurement of the solubility and diffusivity of CO_2 in room-temperature ionic liquids using a transient thin-liquid-film method [J]. Industrial & engineering chemistry research,2007,46(24):8166-8175.

[144] 张彪.高温高压下二氧化碳在饱和油多孔介质中的扩散系数研究[D]. 长沙:湖南大学,2016.

[145] 郑鸿飞.CO_2在油饱和多孔介质中的扩散实验研究[D].大连:大连理工大学,2013.

[146] SONG Y C,HAO M,ZHAO Y C,et al. Measurement of gas diffusion coefficient in liquid-saturated porous media using magnetic resonance imaging[J]. Russian journal of physical chemistry A,2014,88(12): 2265-2270.

[147] JACOPS E,WOUTERS K,VOLCKAERT G,et al. Measuring the effective diffusion coefficient of dissolved hydrogen in saturated Boom Clay[J]. Applied geochemistry,2015,61:175-184.

[148] JACOPS E,VOLCKAERT G,MAES N,et al. Determination of gas diffusion coefficients in saturated porous media:He and CH_4 diffusion in Boom Clay[J]. Applied clay science,2013,83/84:217-223.

[149] 张云峰,于建成,李蓬,等.饱和水条件下天然气在岩石中扩散系数的测定[J].大庆石油学院学报,2001,25(4):4-7,103.

[150] LI S Y,LI Z M,DONG Q W. Diffusion coefficients of supercritical CO_2 in oil-saturated cores under low permeability reservoir conditions[J]. Journal of CO_2 utilization,2016,14:47-60.

[151] LI Z W,DONG M Z. Experimental study of diffusive tortuosity of liquid-

saturated consolidated porous media[J]. Industrial & engineering chemistry research,2010,49(13):6231-6237.

[152] LI Z W,DONG M Z,LI S L,et al. Densities and solubilities for binary systems of carbon dioxide+water and carbon dioxide+brine at 59 ℃ and pressures to 29 MPa[J]. Journal of chemical & engineering data, 2004,49(4):1026-1031.

[153] LI Z W,DONG M Z,SHIRIF E. Transient natural convection induced by gas diffusion in liquid-saturated vertical porous columns [J]. Industrial & engineering chemistry research,2006,45(9):3311-3319.

[154] ZHOU L W,ZHANG G J,REINMÖLLER M,et al. Effect of inherent mineral matter on the co-pyrolysis of highly reactive brown coal and wheat straw[J]. Fuel,2019,239:1194-1203.

[155] ZHANG M,FU X H,ZHANG Q H,et al. Research on the organic geochemical and mineral composition properties and its influence on pore structure of coal-measure shales in Yushe-Wuxiang Block,south central Qinshui Basin,China[J]. Journal of petroleum science and engineering,2019,173:1065-1079.

[156] ZHANG G L,RANJITH P G,WU B S,et al. Synchrotron X-ray tomographic characterization of microstructural evolution in coal due to supercritical CO_2 injection at in-situ conditions[J/OL]. Fuel,2019, 255:1-8[2019-11-01]. https://doi.org/10.1016/j.fuel.2019.115696.

[157] JU Y W,SUN Y,TAN J Q,et al. The composition, pore structure characterization and deformation mechanism of coal-bearing shales from tectonically altered coalfields in Eastern China[J]. Fuel,2018, 234:626-642.

[158] JIANG R X,YU H G. Interaction between sequestered supercritical CO_2 and minerals in deep coal seams[J]. International journal of coal geology,2019,202:1-13.

[159] 刘新兵. 我国若干煤中矿物质的研究[J]. 中国矿业大学学报,1994, 23(4):109-114.

[160] 刘桂建,王俊新,杨萍玥,等.煤中矿物质及其燃烧后的变化分析[J]. 燃料化学学报,2003,31(3):215-219.

[161] 李明,姜波,秦勇,等.构造煤中矿物质对孔隙结构的影响研究[J]. 煤炭学报,2017,42(3):726-731.

［162］李兰新.煤的挥发分与煤中矿物质的组成及含量的相互关系［J］.煤质技术,2012(1):19-21.

［163］李建欣.XRD全谱拟合精修对贵州煤中矿物质的定量研究［D］.焦作:河南理工大学,2009.

［164］孙旭明.长期水浸煤中溶出物质及对煤自燃特性的影响研究［D］.徐州:中国矿业大学,2015.

［165］何惠娟.煤中矿物组分的显微镜定量及微观结构的研究［J］.锅炉技术,1992(9):6-11.

［166］SI L L,LI Z H,YANG Y L,et al. Experimental investigation for pore structure and CH_4 release characteristics of coal during pulverization process［J］. Energy & fuels,2017,31(12):14357-14366.

［167］JIN K,CHENG Y P,LIU Q Q,et al. Experimental investigation of pore structure damage in pulverized coal: implications for methane adsorption and diffusion characteristics［J］. Energy & fuels, 2016, 30(12):10383-10395.

［168］ZHAO Y X, LIU S M, ELSWORTH D, et al. Pore structure characterization of coal by synchrotron small-angle X-ray scattering and transmission electron microscopy［J］. Energy & fuels,2014,28 (6):3704-3711.

［169］CLARKSON C R,JENSEN J L,CHIPPERFIELD S. Unconventional gas reservoir evaluation:what do we have to consider? ［J］. Journal of natural gas science and engineering,2012,8:9-33.

［170］THOMMES M,KANEKO K,NEIMARK A V,et al. Physisorption of gases, with special reference to the evaluation of surface area and pore size distribution (IUPAC technical report)［J］. Pure and applied chemistry,2015,87(9/10):1051-1069.

［171］QI L L,TANG X,WANG Z F,et al. Pore characterization of different types of coal from coal and gas outburst disaster sites using low temperature nitrogen adsorption approach［J］. International journal of mining science and technology,2017,27(2):371-377.

［172］ASTAKHOV V A,DUBININ M M. Development of the concept of volume filling of micropores in the adsorption of gases and vapors by microporous adsorbents［J］. Bulletin of the Academy of Sciences of the USSR,division of chemical science,1971,20(1):13-16.

[173] YUE J W, WANG Z F, CHEN J S, et al. Investigation of pore structure characteristics and adsorption characteristics of coals with different destruction types [J]. Adsorption science & technology, 2019,37(7/8):623-648.

[174] PAN J N, WANG K, HOU Q L, et al. Micro-pores and fractures of coals analysed by field emission scanning electron microscopy and fractal theory[J]. Fuel,2016,164:277-285.

[175] PAN J N, PENG C, WAN X Q, et al. Pore structure characteristics of coal-bearing organic shale in Yuzhou coalfield, China using low pressure N_2 adsorption and FESEM methods[J]. Journal of petroleum science and engineering,2017,153:234-243.

[176] NIE B S, FAN P H, LI X C. Quantitative investigation of anisotropic characteristics of methane-induced strain in coal based on coal particle tracking method with X-ray computer tomography [J]. Fuel, 2018, 214:272-284.

[177] ZOU J P, CHEN W Z, YANG D S, et al. Fractal characteristics of the anisotropic microstructure and pore distribution of low-rank coal[J]. AAPG bulletin,2019,103(6):1297-1319.

[178] ZHAO J L, TANG D Z, QIN Y, et al. Fractal characterization of pore structure for coal macrolithotypes in the Hancheng area, southeastern Ordos Basin, China[J]. Journal of petroleum science and engineering, 2019,178:666-677.

[179] SUN L N, TUO J C, ZHANG M F, et al. Pore structures and fractal characteristics of nano-pores in shale of Lucaogou formation from Junggar Basin during water pressure-controlled artificial pyrolysis[J]. Journal of analytical and applied pyrolysis,2019,140:404-412.

[180] LI S, TANG D Z, PAN Z J, et al. Characterization of the stress sensitivity of pores for different rank coals by nuclear magnetic resonance[J]. Fuel,2013,111(3):746-754.

[181] FAULON J L, MATHEWS J P, CARLSON G A, et al. Correlation between microporosity and fractal dimension of bituminous coal based on computer-generated models [J]. Energy & fuels, 1994, 8 (2): 408-414.

[182] WANG F, CHENG Y P, LU S Q, et al. Influence of coalification on

the pore characteristics of middle-high rank coal[J]. Energy & fuels, 2014,28(9):5729-5736.

[183] 李子文.低阶煤的微观结构特征及其对瓦斯吸附解吸的控制机理研究[D].徐州:中国矿业大学,2015.

[184] LIU K Q,OSTADHASSAN M, SUN L W,et al. A comprehensive pore structure study of the Bakken Shale with SANS,N$_2$ adsorption and mercury intrusion[J]. Fuel,2019,245:274-285.

[185] NIU Q H,PAN J N,JIN Y,et al. Fractal study of adsorption-pores in pulverized coals with various metamorphism degrees using N$_2$ adsorption,X-ray scattering and image analysis methods[J]. Journal of petroleum science and engineering,2019,176:584-593.

[186] CAO Z, LIU G D, ZHAN H B,et al. Pore structure characterization of Chang-7 tight sandstone using MICP combined with N$_2$ GA techniques and its geological control factors[J/OL]. Scientific reports,2016,6(1):1-13 [2016-11-10]. https://www. nature. com/articles/srep36919. DOI:10. 1038/srep36919

[187] 王敬空.溶剂处理对低阶煤的溶胀与扩散性能的影响研究[D].马鞍山:安徽工业大学,2017.

[188] 张荣华,杨家彪.晋中地区矿井水质及其综合利用[J].华北地质矿产杂志,1996(2):290.

[189] 杨建.井上下联合处理矿井水中污染物效果研究[J].煤田地质与勘探,2016,44(2):55-58.

[190] 徐楚良,袁武建,缪旭光.矿井水中微量有机污染物的深度处理[J].煤矿环境保护,1998,12(4):7-10.

[191] 赵丽,孙艳芳,杨志斌,等.煤矸石去除矿井水中水溶性有机物及氨氮的实验研究[J].煤炭学报,2018,43(1):236-241.

[192] 杨建,王强民,刘基,等.煤矿井下不同区域矿井水中有机污染特征[J].煤炭学报,2018,43(增刊2):546-552.

[193] 邹友平,吕闰生,杨建.云盖山矿井水中溶解有机质三维荧光光谱特征分析[J].煤炭学报,2012,37(8):1396-1400.

[194] 薛海涛,卢双舫,付晓泰.甲烷、二氧化碳和氮气在油相中溶解度的预测模型[J].石油与天然气地质,2005,26(4):444-449.

[195] 付晓泰,王振平,卢双舫.气体在水中的溶解机理及溶解度方程[J].中国科学(B辑),1996,26(2):124-130.

[196] PERSSON I. Hydrated metal ions in aqueous solution:how regular are their structures? [J]. Pure and applied chemistry,2010,82(10):1901-1917.

[197] 王沐众,牛永斌,王保玉.矿化度对甲烷溶解度影响的探讨[J].煤炭技术,2016,35(1):178-180.

[198] 郭彪,侯吉瑞,于春磊,等.CO₂在多孔介质中扩散系数的测定[J].石油化工高等学校学报,2009,22(4):38-40.

[199] SPEEDY R J, ANGELL C A. Isothermal compressibility of super-cooled water and evidence for a thermodynamic singularity at $-45\,^{\circ}\!C$ [J]. The journal of chemical physics,1976,65(3):851-858.

[200] LU W J,GUO H R,CHOU I M,et al. Determination of diffusion coefficients of carbon dioxide in water between 268 and 473 K in a high-pressure capillary optical cell with in situ Raman spectroscopic measurements [J]. Geochimica et cosmochimica acta,2013,115:183-204.

[201] THOMAS W J, ADAMS M J. Measurement of the diffusion coefficients of carbon dioxide and nitrous oxide in water and aqueous solutions of glycerol[J]. Transactions of the Faraday Society,1965,61:668.

[202] FRANK M J W,KUIPERS J A M,VAN SWAAIJ W P M. Diffusion coefficients and viscosities of $CO_2 + H_2O$, $CO_2 + CH_3OH$, $NH_3 + H_2O$,and $NH_3 + CH_3OH$ liquid mixtures[J]. Journal of chemical & engineering data,1996,41(2):297-302.

[203] RENNER T A. Measurement and correlation of diffusion coefficients for CO_2 and rich-gas applications[J]. SPE reservoir engineering,1988,3(2):517-523.

[204] WANG L S,LANG Z X,GUO T M. Measurement and correlation of the diffusion coefficients of carbon dioxide in liquid hydrocarbons under elevated pressures[J]. Fluid phase equilibria,1996,117(1/2):364-372.

[205] 张保勇,吴强,王永敬.表面活性剂对气体水合物生成诱导时间的作用机理[J].吉林大学学报(工学版),2007,37(1):239-244.

[206] 吴强,李成林,江传力.瓦斯水合物生成控制因素探讨[J].煤炭学报,2005,30(3):283-287.

[207] LI Z W,DONG M Z. Experimental study of carbon dioxide diffusion in

oil-saturated porous media under reservoir conditions[J]. Industrial & engineering chemistry research,2009,48(20):9307-9317.

[208] LI Z W,DONG M Z,LI S L,et al. A new method for gas effective diffusion coefficient measurement in water-saturated porous rocks under high pressures [J]. Journal of porous media, 2006, 9 (5): 445-461.

[209] ZANG J,WANG K,LIU A. Phenomenological over-parameterization of the triple-fitting-parameter diffusion models in evaluation of gas diffusion in coal[J]. Processes,2019,7(4):241.

[210] XIE J,LIANG Y P,ZOU Q L,et al. Prediction model for isothermal adsorption curves based on adsorption potential theory and adsorption behaviors of methane on granular coal[J]. Energy & fuels, 2019, 33(3):1910-1921.

[211] LIU P,QIN Y P,LIU S M,et al. Non-linear gas desorption and transport behavior in coal matrix: experiments and numerical modeling[J]. Fuel,2018,214:1-13.

[212] 林海飞,赵鹏翔,李树刚,等. 水分对瓦斯吸附常数及放散初速度影响的实验研究[J]. 矿业安全与环保,2014,41(2):16-19.

[213] 李卓睿. 热作用及水分影响顾桥煤吸附甲烷的规律研究[D]. 徐州:中国矿业大学,2015.

[214] 陈明义. 煤-气-水耦合作用下低阶烟煤力学损伤及渗透率演化机制研究[D]. 徐州:中国矿业大学,2017.

[215] LEVY J H,DAY S J,KILLINGLEY J S. Methane capacities of Bowen Basin coals related to coal properties[J]. Fuel,1997,76(9):813-819.

[216] 张时音,桑树勋,杨志刚. 液态水对煤吸附甲烷影响的机理分析[J]. 中国矿业大学学报,2009,38(5):707-712.

[217] 张时音,桑树勋. 液态水影响不同煤级煤吸附甲烷的差异及其机理[J]. 地质学报,2008,82(10):1350-1354.

[218] WANG L,YU Q C. The effect of moisture on the methane adsorption capacity of shales:a study case in the eastern Qaidam Basin in China [J]. Journal of hydrology,2016,542:487-505.

[219] CHEN D,PAN Z J,LIU J S,et al. Modeling and simulation of moisture effect on gas storage and transport in coal seams[J]. Energy & fuels,2012,26(3):1695-1706.

[220] 闫发志.基于电破碎效应的脉冲致裂煤体增渗实验研究[D].徐州:中国矿业大学,2017.

[221] 李贺,林柏泉,洪溢都,等.微波辐射下煤体孔裂隙结构演化特性[J].中国矿业大学学报,2017,46(6):1194-1201.

[222] 李贺.微波辐射下煤体热力响应及其流-固耦合机制研究[D].徐州:中国矿业大学,2018.

[223] Zhang X L,LIN B Q,ZHU C J,et al. Improvement of the electrical disintegration of coal sample with different concentrations of NaCl solution[J]. Fuel,2018,222:695-704.

[224] 洪溢都.微波辐射下煤体的温升特性及孔隙结构改性增渗研究[D].徐州:中国矿业大学,2017.

[225] NIU Q H,PAN J N,CAO L W,et al. The evolution and formation mechanisms of closed pores in coal[J]. Fuel,2017,200:555-563.

[226] CHEN Y L,QIN Y,WEI C T,et al. Porosity changes in progressively pulverized anthracite subsamples:implications for the study of closed pore distribution in coals[J]. Fuel,2018,225:612-622.

[227] ALEXEEV A D,VASILENKO T A,ULYANOVA E V. Closed porosity in fossil coals[J]. Fuel,1999,78(6):635-638.

[228] ALEXEEV A D,ULYANOVA E V,STARIKOV G P,et al. Latent methane in fossil coals[J]. Fuel,2004,83(10):1407-1411.

[229] ALEXEEV A D,FELDMAN E P,VASILENKO T A. Alteration of methane pressure in the closed pores of fossil coals[J]. Fuel,2000,79(8):939-943.

[230] ZHANG H B,LIU J S,ELSWORTH D. How sorption-induced matrix deformation affects gas flow in coal seams:a new FE model[J]. International journal of rock mechanics and mining sciences,2008,45(8):1226-1236.

[231] 刘清泉,程远平,李伟,等.深部低透气性首采层煤与瓦斯气固耦合模型[J].岩石力学与工程学报,2015,34(增刊):2749-2758.

[232] SHI J Q,DURUCAN S,FUJIOKA M. A reservoir simulation study of CO_2 injection and N_2 flooding at the Ishikari coalfield CO_2 storage pilot project,Japan[J]. International journal of greenhouse gas control,2008,2(1):47-57.

[233] LU Y L,WANG L G. Numerical simulation of mining-induced

fracture evolution and water flow in coal seam floor above a confined aquifer[J]. Computers and geotechnics, 2015,67:157-171.

[234] KARACAN C Ö,ESTERHUIZEN G S,SCHATZEL S J,et al. Reservoir simulation-based modeling for characterizing longwall methane emissions and gob gas venthole production[J]. International journal of coal geology,2007,71(2/3):225-245.

[235] CONNELL L D. Coupled flow and geomechanical processes during gas production from coal seams[J]. International journal of coal geology, 2009,79(1/2):18-28.

[236] LIU T,LIN B Q,YANG W,et al. Coal permeability evolution and gas migration under non-equilibrium state[J]. Transport in porous media, 2017,118(3):393-416.

[237] VOSS C I,SOUZA W R. Variable density flow and solute transport simulation of regional aquifers containing a narrow freshwater-saltwater transition zone[J]. Water resources research,1987,23(10): 1851-1866.

[238] WANG Z Z,PAN J N,HOU Q L,et al. Changes in the anisotropic permeability of low-rank coal under varying effective stress in Fukang mining area,China[J]. Fuel,2018,234:1481-1497.

[239] WANG D K,LV R H,WEI J P,et al. An experimental study of the anisotropic permeability rule of coal containing gas[J]. Journal of natural gas science and engineering,2018,53:67-73.

[240] WANG D K,LV R H,WEI J P,et al. An experimental study of seepage properties of gas-saturated coal under different loading conditions[J]. Energy science & engineering,2019,7(3):799-808.

[241] LIU P,QIN Y P,LIU S M,et al. Numerical modeling of gas flow in coal using a modified dual-porosity model: a multi-mechanistic approach and finite difference method[J]. Rock mechanics and rock engineering,2018,51(9):2863-2880.

[242] LIU J,QIN Y P,ZHANG S,et al. Numerical solution for borehole methane flow in coal seam based on a new dual-porosity model[J/OL]. Journal of natural gas science and engineering,2019,68:1-10[2019-08-16]. https://doi.org/10.1016/j.jngse.2019.102916.

[243] LI B,LIANG Y P,ZHANG L,et al. Experimental investigation on

compaction characteristics and permeability evolution of broken coal[J]. International journal of rock mechanics and mining sciences, 2019,118:63-76.

[244] HUANG Q M,WU B,CHENG W M,et al. Investigation of permeability evolution in the lower slice during thick seam slicing mining and gas drainage: a case study from the Dahuangshan coalmine in China[J]. Journal of natural gas science and engineering,2018,52: 141-154.

[245] LIU G N,LIU J S,LIU L,et al. A fractal approach to fully-couple coal deformation and gas flow[J]. Fuel,2019,240:219-236.

[246] ZHANG S W,LIU J S,WEI M Y,et al. Coal permeability maps under the influence of multiple coupled processes[J]. International journal of coal geology,2018,187:71-82.

[247] PENG Y,LIU J S,PAN Z J,et al. Evolution of shale apparent permeability under variable boundary conditions[J]. Fuel,2018,215:46-56.

[248] 杨永良,李增华,侯世松,等. 甲烷在表面活性剂水溶液中溶解度的实验研究[J]. 采矿与安全工程学报,2013,30(2):302-306.